这个世界不会阻止你自己闪耀

冠 诚◎著

汕頭大學出版社

图书在版编目（CIP）数据

这个世界不会阻止你自己闪耀 / 冠诚著 . -- 汕头：
汕头大学出版社, 2019.3

ISBN 978-7-5658-3729-6

Ⅰ. ①这… Ⅱ. ①冠… Ⅲ. ①成功心理－通俗读物
Ⅳ. ①B848.4-49

中国版本图书馆 CIP 数据核字 (2019) 第 014230 号

这个世界不会阻止你自己闪耀
ZHEGE SHIJIE BUHUI ZUZHINI ZIJI SHANYAO

著　　者：冠　诚
责任编辑：宋倩倩
责任技编：黄东生
封面设计：末末美书
出版发行：汕头大学出版社
　　　　　广东省汕头市大学路243号汕头大学校园内　　邮政编码：515063
电　　话：0754-82904613
印　　刷：三河市金轩印务有限公司
开　　本：880mm×1230mm　1/32
印　　张：6.5
字　　数：160千字
版　　次：2019年3月第1版
印　　次：2019年5月第1次印刷
定　　价：36.00元
ISBN 978-7-5658-3729-6

听从自己内心的声音，
做自己想做的事，
没人能够替你做决定。

——乔布斯

前言

　　"这个时代不会阻止你自己闪耀，但你也覆盖不了任何人的光辉。"当被问及"你认为自己能否取代葛优"时，黄渤这样回答。在这个"颜值即一切"的时代，黄渤这种长相平庸的男人，凭借自己的努力，从名不见经传的歌手爬到了影帝的位置，他的成功不仅治好了某些人的"颜控病"，还让自己成了一个金字招牌。

　　在电影《寻龙诀》之前，黄渤已经是国内影坛著名的"五十亿帝"，这个称呼常被人拿来调侃他，但他自己一直保持着出奇的冷静，"膨啥胀呀，现在人一个电影的票房都二十多亿了，五十亿四十亿那不就是俩电影的事儿吗？你这有什么的呀？再过几年你就回头看这不就是个笑话嘛，真是。当时你能拿出来说，就跟咱们当时说哪个电影票房过亿了一样，当时是多么耸人听闻的消息，现在这哪是事儿啊。"在很多人看来，"五十亿帝"的确有膨胀的资格，但黄渤没有自我膨胀，在他看来，他如今的票房成绩也就是俩电影的事，过几年就成了笑话，这种豁达和理智，在演艺人员中尤其少见。

这个世界上，很多人的起点如黄渤一样，没有好的外貌做名片，也没有显赫的家世做敲门砖，只能靠自己的努力，去开拓自己的道路，即便走了很远，依旧找不到方向，但谁敢说没有柳暗花明的一天呢？

泰戈尔说："生如夏花般绚烂，死如秋叶之静美。"世间生死大抵如此。死后如何，我们可不必操心，但活着大致有两件事可以做——工作和生活。在工作中不遗余力地做好自己分内的事务，没有谁能够阻止你的业绩上升，没有谁能阻止你升职；生活中努力乐观，认真对待每一件事，用心对待每一个人，没有谁能够阻止你拥有良好的人际关系和生活环境。

在美剧《硅谷》中，狄奈许的表弟问他："如果所有的人都对你的软件嗤之以鼻，你还会坚持搞下去吗？"狄奈许回答说："人们总是站在一旁，对认真做事的人冷嘲热讽。"这段对话让人记忆深刻，我们常会因他人质疑而摇摆不定，而渴望他人认同的心理也常常促使我们在遭受非议时，下意识地从众。

现实中，或许人们生来就拥有不同的出身、不同的财富和不同的环境，世界对此拥有足够的包容性，绝不会剥夺你展现才能的机会，即便你没钱、没势、没存在感，别放弃自己，你总能依靠自己的才能一次次创造奇迹。

请相信，这个时代不会阻止你闪耀，你的每一次努力都会得到回报；每一个在当下努力的你，都好过昨日的你；每一个不甘平凡的你，都好过那个自甘平庸还安慰自己平凡最可贵的你。人生在世，如白驹过隙，年华转瞬即逝，请抓住每一个足以改变现在的机会，努力为未来的成功务实基础。只要认真努力地做事，这个世界绝不会辜负你！

目录

第 | 一 | 章
每个光环闪耀的主角，都是曾经的龙套

第 | 四 | 章
生活不是用来妥协的，明白请趁早

第 | 五 | 章

知道自己要去哪里，全世界都会为你让路

这个世界不会
阻止你自己闪耀

第 | 六 | 章

我从不感谢伤害过我的人

第 | 七 | 章

像蚂蚁一样工作，像蝴蝶一样生活

第一章

每个光环闪耀的主角，
都是曾经的龙套

都说机会是均等的，每个人在人生的舞台上都
有展现自我的机会，但现实生活并不是那样。
有的人努力之后，成为光环闪耀的主角，而有
的人兜兜转转，沦为了黯淡无光的配角。当我
们告别校园，走向社会的时候，没有硝烟的竞
争就已经开始。是成为光鲜亮丽的主角，还是
成为没人关注的龙套，完全在于我们自己。

出身这件事，没什么好抱怨的

作家王小波在《青铜时代》里说："永不妥协，就是拒绝命运的安排，直到它回心转意，拿出我能接受的东西来。"决定一个人层次的高低，绝不是他的出身，而是他自己。

很多人经常抱怨自己出身不好，没有显赫的家世，没有丰厚的资产。然而出身是无法选择的，即便叹息、抱怨也只是徒劳。有人说："尽管我们无法把握发牌，但是我们能够把握出牌。"毕竟很少有人每次都能得到一副好牌，而拿到一副不算太差的牌，或者不幸摊上了一副不能再糟的牌，概率是十分大的。得到好牌的人固然值得高兴，但拿到坏牌并不意味着一定会输。

如果我们手中拿到了不算太差的牌，就一定要争取去赢；如果是差牌也不要气馁，尽可能地找出一两张还不算坏的牌作为强项，使结局变得相对好一些。如果能利用上下家的交锋，巧妙地把一张没用的牌打出去，或许还有赢的机会。你要知道，无论出身如何，机会总是会出现的，就看你能不能及时把它抓住。

从另个角度看，不好的出身，也是一种考验和磨炼，你必须艰苦努力，奋发向上去克服困难。既然无法选择自己的父母，就依靠自己，用毅力和勤奋去改变出身不好这一事实。

尼克·胡哲是全球著名的励志演说家。他的命运可以用"不幸"二字来形容。因为他生来既没有胳膊，也没有腿，只有躯干和头部，像一尊残破的雕像。他唯一能利用的，是一个长着两只脚趾的"小脚"。刚开始的时候，他不能像正常人一样走路，也不能拿东西。他周围的许多人都看不起他，嘲笑他。在那段日子里，他曾想过结束自己的生命，最后他还是决定活下来。他认为，活着就有希望。虽然没有四肢，但是他有聪慧的大脑和过人的表达能力。于是，他决定利用自己的这两个优点去做演讲。工夫不负有心人，最终他成了全球著名的励志演说家。//

世事无法尽善尽美，生活中，我们总会遇到各种困难。《孟子》有云："故天将降大任于斯人也，必先苦其心志，劳其筋骨，饿其体肤，空乏其身，行拂乱其所为，所以动心忍性，增益其所不能。"林肯出身卑微，但他自强不息，靠自己不懈的努力，终于成为美国第十六任总统。在林肯竞选美国总统时，曾有人拿林肯的出身来做文章。面对林肯坦然面对各种侮辱和嘲讽，丝毫没有感到畏惧。相反，他在各种场合多次讲述父辈和自己童年时的艰辛困苦，以此有力地回击对手们的出身论，最终得到国人的认可。

事实上，生活对每个人都是公平的，不同的是，有的人的优势显露在外，有的人的优势蕴藏于内，出身平凡的人可谓优势蕴藏于内。只要敢于正视现实，选择属于自己的道路，一样能走出精彩的人生

即使是那些出生在衣食无忧、声名显赫家族的人，他们个人所达到的

成就或声望也只能通过自己的奋斗获得。因为财富可以从父辈那里继承，但是个人的知识和智慧却是无法继承的。有钱的人可以雇人来为他做事，但他的思想活动是无人能够代劳的。

因此，无论贫贱富贵，通过自身努力才能获得成功对任何人都是适用的。

美国最伟大的心灵导师威尔·鲍温在《不抱怨的世界》中说："抱怨是在讲述你不要的东西，而不是你要的东西。如果不喜欢一件事，就改变那件事；如果无法改变，就改变自己。我们抱怨，是为了获取同情心和注意力，是为我们不敢做的事找借口。"可见，抱怨就是一种慢性毒药，它会让我们的人生态度和行为方式都发生严重的扭曲。

抱怨自己的出身，于人无益，于己不利。抱怨并不能让你糟糕的现状有任何的改变，抱怨会使你变成一个懦弱、喜欢推卸责任的人。因此，与其绝怨不如整理自己的情绪，去做一些有意义的改变，别让抱怨害了你。

人生没有白走的路，每一步都算数

> 音乐人李宗盛说："人一生中每一个经历过的城市都是相通的，每一个努力过的脚印都是相连的。它一步步带我走到今天，成就今天的我。人生没有白走的路，每一步都算数。"

李宗盛的话说明了人生没有白走的路，每个人的人生旅途都是单程路，你每走一步所经历的，都会构成日后的那个你。所以，人生的每一步都要走得认认真真，无怨无悔。

诚然，每个人都希望能顺利地踏上一条成功的路，并且向往着每一步都走得光芒四射。但是总有人因为一些欲望而放弃了前进，荒废了时间。这个时候就需要及时止损，一时的误入歧途，也是一种特殊的人生体验。没有失败的惨痛，就不会珍惜成功的欢欣。在人生这条路上，藏着你读过的书、听过的歌、流过的泪、吃过的苦、看过的风景、见识过的世面、爱过的人……这些点点滴滴汇集起来，才成就了今天真实的你，也让你的人生变得更加丰盈圆满。

学者于丹说过："人生的每一步路都是要用脚来丈量的。"生命的意义在于你怎样活，生活的意义在于你怎样做。许多时候，就像进入了一场未知的迷宫之旅，你不知道出口在哪，或许会走很多弯路，让你暂时看不到终点，又或许兜兜转转之后，你又回到了原点。但是最后你还是会走过去的。当你一步步地走出这段迷宫时，你会发现沿途的那些风景将成为你刻骨铭心的记忆。

有一次，发明大王爱迪生在专心研究蓄电池，他的一位朋友看他在那里捣鼓了半天，还是没能取得成功，于是就劝他说："你已经失败了25000次，还有必要再坚持下去吗？我觉得你这纯属浪费时间。"爱迪生回答说："不，我要坚持下去，我并没有失败，因为我发现了24999种蓄电池不管用的原因。"爱迪生的一生中，共获到了1093项发明专利，比如留声机、电影、电动笔、蜡纸及日光灯等。

别只遗憾走错路花费了你的时间，人生没有白走的路，每走一步都有它的意义所在。在爱迪生非凡的发明生涯中，经历过多少次的失败，就为以后的成功积累了多少经验。即使成功的道路上布满沼泽、荆棘丛生，让你前进的步履变得沉重、蹒跚，你也要认真地、义无反顾地走下去。只有不停地前进，你才会看到更多美丽的风景。

有人说："生命中的一切无心插柳，其实都是水到渠成。"正是因为有了过去多年的用心耕耘，才换来了今天的看似毫不费力。每个人从生下来就注定要经历很多，有欢乐的笑声，有委屈的泪水。当懵懂地走过一段道路，或许下一段路又要进行茫然的取舍。但是，不管是顺境也好，逆境也罢，你要相信现在所拥有的、所经历的，就是最好的。

人生之行悠远，人生之路漫漫，回头看看走过的路，你的每一个脚印都记录着你遇到的风风雨雨，每一个足迹都铭刻着你酸甜苦辣的深深记忆，每一次抬腿都镌录着你付出的种种努力。人生没有白走的路，每一步都算数。

猎枪打不中飞奔的猎豹

美国克莱斯勒总裁艾柯尔曾说："世界上没有一成不变之物。我喜欢猎野鸭子，不断地运动和变更构成了这种狩猎活动的全部内容。你看准了鸭子，举枪瞄准，但它总是在移动。为了打中它，你也必须移动你的枪。如果你不对迅速变更的事件作出迅速反应，当你准备射击时，野鸭子已经飞走了。"

相声演员郭德纲说过："我小时候家里穷，那时候在学校遇上下雨天，别的孩子就站在教室里等伞，可我知道我家没伞啊，所以我就顶着雨往家跑，没伞的孩子就得顶着雨拼命奔跑！像我们这样没背景、没家境、没关系、没金钱，一无所有的人，你能不拼命工作，拼命奔跑吗？"现实生活中，绝大多数人都很平凡，一如我们的父母一样，平凡到这个世界简直感觉不到我们的存在，这不是因为我们低调，而是因为我们没有高调的资本。没伞的孩子必须努力奔跑，奔跑不单是一种能力，更是一种态度，它最终决定了你人生高度的态度。

有人说："猎枪打不中飞奔的猎豹。"这句话当然不是说猎人的枪法不够好，而是指猎豹为了躲过子弹而不停地奔跑，不断地移动方向，让猎枪无法瞄准自己。同理，人们只有不懈地努力，不停地拼搏，才能在竞争激烈的社会中生存下来。

王麻子刀剪铺，是享誉国内外的老字号店铺。据说，从清顺治八年（1651年）开始，一家以出售剪刀、火镰为主的店铺就在北京的菜市口经营了。因为这家店铺的主人姓王，脸上还长有很多麻子，所以人们称其为"王麻子"。王麻子在收购民间打制的剪刀时，真是费了一番工夫。为了能够收购到质量过关的剪刀，每次他都是亲自挑选。后来，这家店铺就在当地以商品质量上乘而闻名。

到了嘉庆二十一年（1816年），王麻子的后代才正式挂出了"三代王麻子"的招牌。后来，这家店铺就开始自己设炉加工刀剪，并且在刀剪上刻上"王麻子"的字样，从此王麻子刀剪铺就闻名中外了。

然而，随着时代的发展，王麻子刀剪厂的销售业绩开始不断地下滑。很快，经营就陷入了十分困难的境地。现在因其缺乏品牌提升和保护意识，不注重品牌的重塑和宣传，单依靠政府扶持，渐渐养成了依赖政府的懒汉思想。

不仅如此，王麻子刀剪厂的领导层缺乏市场意识，有段时间，7年竟然换了7任厂长。很多领导都急于出业绩，盲目上项目，造成了严重的资源浪费。

作为一家老字号企业，王麻子除继承其辉煌的历史外，还背上了沉重的包袱。据统计，1997年，该厂在岗职工697人，退休职工却达500多人。而且还和一些不相干的企业合作，分分合合，折腾个不停，员工整天无所事事，厂子的元气就这样被无端消耗了。最重要的是，企业的经济效益主要用于维持员工生计，就没有充裕的资金扩大再生产和技术改造。没过多久，王麻子刀剪厂就宣布破产了。

王麻子刀剪厂的破产，给那些百年老字号企业敲响了警钟，告诫一些企业倚老卖老，不思进取，靠老资格来混日子实在不是明智之举。就像登山，你若想看到山顶绝美的风景，就必须坚持往上爬。所以，在通往成功的路上，努力、拼搏、勤奋、坚持不懈是必不可少的。

主持人鲁豫说："大家的智商都差不多，谁都不比谁聪明多少，谁都不比谁笨多少，而最终决定命运的还是认真和努力。"想要不被猎枪打死，就必须不停地奔跑；必须每天踏踏实实地过日子，做好每件事，不拖拉不抱怨不推卸不偷懒。只有坚持不懈地努力和拼搏，才能不被困难和失败打倒，才能看到成功的希望。

乔纳森·温斯特曾说："我一直在等待成功，可它却没来，所以我只能继续前行。"诚然，成功是等不来的，是要去争取的。许多人都谈过他们是怎样等待愿望实现的。他们耐心地坐着，等着运气的到来。然而，等待不仅浪费了时间，还一无所获。有人说，追赶成功最好的途径就是发展自己、提升自己。那么，像猎豹一样，为了不让猎枪打死，你必须放弃等待，尽快采取积极有效的行动，去努力，去拼搏！

你是不是经常"间歇性踌躇满志，持续性混吃等死"

发明家爱迪生曾说："当一个人年轻时，谁没有空想过？谁没有幻想过？想入非非是青春的标志。但是，我的青年朋友们，请记住，人总是要长大的。天地如此广阔，世界如此美好，等待你们的不仅仅是需要一对幻想的翅膀，更需要一双脚踏实地的脚！"//

你是不是经常在刷着微信朋友圈，逛着淘宝网，打着瞌睡的同时又羡慕着成功人士的无限风光？是不是经常看了励志文章后踌躇满志，发誓从明天开始你也要努力奋斗，到了明天又说今天休息一下，明天再开始。一句话让无数人膝盖中枪："间歇性踌躇满志，持续性混吃等死。"有多少人的"我一定要努力奋斗"的誓言，到后来却变成"算了吧！还是及时行乐吧，大不了今朝有酒今朝醉，明朝没酒喝凉水"！很多时候你感到自己拥有豪情万丈、鸿鹄壮志，但往往事与愿违，结果甚至是一事无成。究其原因，就是你幻想太多，行动太少。

俗话说："想一百遍不如做一遍，只想不做等于零。"没有行动的梦想是空想，只想不做让你的梦想显得苍白无力。所以要杜绝空想，一旦有什么计划，不要坐等"万事俱备"，一定要立即去执行。

有一位美国男青年，12 岁时就对拍电影十分着迷，13 岁时拍了一部只有 40 分钟的战争电影：《无处容身》。在他 17 岁时，有一次，他参观完一个电影制片厂之后，就偷偷地给自己立了一个目标：要拍最好的电影。

第二天一大早，他穿了一套笔挺的西装，提着父亲的公文包，并在里面装了一块三明治，再次来到那个电影制片厂。这一次，他故意装出一副大人的模样儿，成功骗过了警卫，混进厂子里。随后，他找到一辆废弃的手推车，并用一块塑胶在车门上拼出"史蒂文·斯皮尔伯格""导演"等字样。紧接着，他用整个夏天去认识了各位导演、编剧等，天天以一个导演的标准来要求自己。从与别人的交流中，他不断地学习、观察、思考，最终在 20 岁那年，成了正式的电影导演，开始了他导演的生涯。36 岁时，史蒂文·斯皮尔伯格已经成为世界上最成功的制片人。世界电影史上十大卖座影片中，他的作品就有 4 部。

在生活中常有很多人胸怀大志，但又有点好高骛远，不愿老老实实学习，也懒得踏踏实实行动，总爱想入非非。他们常常立志干番大事业，却缺乏坚持的勇气，经常把幻想当成现实而不再付出，把挑战当成压力而不是动力，对自己的目标缺乏积极性和主动性……正所谓"筹谋一天，躺尸一年"。

一位哲人指出："想要喝牛奶的人，不应坐在草原上梦想牛会走到他的面前来。"对于一个想干一点事情的人来说，迟迟不行动是十分可怕的，不仅不能实现确定的目标，还会消磨意志，使自己逐渐丧失进取心。其实，制定目标是很容易的，难的是付诸行动。制定目标可以坐下来用脑子去想，实现目标却需要扎扎实实的行动，只有行动才能化目标为现实。

成功永远属于有远大志向并为之付出不懈努力的人。不要让梦想只停留在做梦的阶段，要付诸于实践之中。凡事如果只是想想，而不去做，怎能领略"路漫漫其修远兮，吾将上下而求索"的执着；怎能体会"人生自古多磨难，从来纨绔少伟男"的道理；怎能感受"宝剑锋从磨砺出，梅花香自苦寒来"的不易。

作家克里斯多夫·摩雷说："大人物只是屡败屡战的小人物而已。"理想只有靠自己的实际行动来实现，即便失败了也不要放弃，空等的理想是永远也实现不了的。就像种子一样，再好的种子不把它种在肥沃的土壤里，它也不可能发芽成长。只说不练，再好的理想和愿望也会夭折。

清代词人纳兰容若曾经说过："人生中最无奈的字就是'若'。""若"代表悔悟，如果当初怎么样，现在就怎么样，"若"充满了无奈。对大多数人来说，经常会有这样的懊悔："当时我要是去做那件事就好了。"也许当时你的想法若付诸实施真的会有所成就，只不过由于你的瞻前顾后，做事不果断而导致现在的懊悔。

所以，不要总是踌躇满志而不付诸行动，目标的实现，需要勇气，更需要毅力。一个行动胜过百个空想，不要让你的梦想只是想想。离开那滋生堕落的温床吧，哪怕只是为了一个小小的目标！行动起来才有可能实现，小目标的积累终会变成大成就。

生活坏到一定程度就会好起来，因为它无法更坏

宫崎骏在动漫作品《龙猫》中说："生活坏到一定程度就会好起来，因为它无法更坏。努力过后才知道，许多事情坚持坚持就过来了。"//

生活中的每个人都会面临各种各样的烦恼：工作上杂乱的琐事，身体上偶尔的小疾，感情上的磕磕绊绊……面对这些麻烦，我们总是表现得惊慌失措，急于将麻烦甩掉。但麻烦常常如影随形，一个接一个，往往是你按下一个葫芦，却浮起了一个瓢。"坏日子"似乎没有期限，你所经历的痛苦正一点点啃噬你的神经，让脆弱和无力环绕在你周围，久久不散。日子过得苦就要放弃吗？生活坏到了骨头里就要悲观失望吗？你放弃了、悲观了、失望了，坏的生活也还是如此，并没有因你的悲观而有任何改变。

你可以想想，你已经一无所有了，你还怕失去什么呢？俗语说："光脚的不怕穿鞋的"，就是这个道理，已经一无所有的人和拥有很多的人相竞争，当然是一无所有的人胜算更大，因为他已经没有什么可以失去

了。如果你已经到了悲惨的边缘，你还怕什么呢？所以，生活坏到一定的程度时，就会慢慢好起来，因为它无法更坏。麻烦与快乐就像是一对孪生姐妹，只不过快乐到来时，你不会憎恶它而已。因此，我们需要像泰戈尔一样，把麻烦看作是生命中赖以表现自己韵律的一部分，以豁达、从容的心态处之。

其实，每个人在走向成熟的过程中，总会经历一段辛苦和沉默的日子，这段日子可能是一年，也可能是三到五年，更有可能是十年之久，但绝对不会是一辈子。毕竟人生如茶，不能苦一辈子，但总要苦一阵子。追求美好的生活，不是为了得到惨烈的结局，更不是寻找殉情的绝地。好运与努力和坚持为伴。若你努力一刻，你会幸福一时；若你坚持恒久，你将幸福一生。生活中，无论多么强大的人，都会或多或少地经历过一段段相对"黑暗"的日子，正是这些经历让他们"熬"出来另一个世界。

一个人事业成功的过程，也是不断战胜失败的过程。尤其是成就大事业者，更是如此。面对失败，只要你保持越挫越勇的精神，那么每次失败都将激发你的生命活力，促使你更上一层楼。

运动员李宁谈到自己的人生时，提及了他经历过的一次惨痛教训。在1988年奥运会前，李宁因伤病曾离开了国家队一段时间，并准备就此退役。但当时国家队青黄不接，后继乏人，十分希望他重返赛场。为了国家的利益，李宁在很久没有进行系统训练的情况下，又重回了国家队。然而，因为伤病、更换教练及赛前缺乏充分准备等诸多原因，那届奥运会李宁失败了。人们在电视中看到了李宁失败的表演，本以为李宁会因此绝望，人们为他捏了一把冷汗，然而面对失败他依然面带微笑。也正是因为他的这一举动，激怒了广大的体育迷：这么难堪的表演，他居然还能笑得出来。

后来，当李宁重新谈起这段经历时，他认为那段经历对他的人生很有帮助，让他变得更加成熟。他甚至认为，如果没有这段经历，也许就没有他后来创办李宁品牌企业的成功。他这样说："成功，不断地成功，能增强我的信心，使我勇往直前，不断地渴望着去创造。但失败，却能使我更清醒地认识这个现实的世界，增强我承受现实的能力。"//

所以说，生活坏到一定程度就会好起来，挺一挺，就过去了。某一天再回首，你会发现曾给你痛苦的人和事，也是你的救赎。希腊新喜剧诗人米南德曾说："谁有历经千辛万苦的意志，谁就能达到任何目的。"其实，人生从来没有真正的绝境。无论遭受多少艰辛，经历多少苦难，只要一个人的心中还怀着一粒信念的种子，总有一天，他能走出困境，让生命重新开花结果。因为信念在，希望就在。即便情况再糟，不妨再坚持一下，因为它无法更坏。何况任何事情即使再坏，也有好的一面。无论你处在怎样的境地，做出怎样的选择，只要你拥有良好的心态，一切就会向好的方向转变。因为决定事情成败的关键是心态，好的心态决定好的未来。

培根说："无论何人，若失去耐心，就是失去灵魂。"这就是在警示我们，凡事需要耐心地坚持，偶尔的等待也很有意义，等待可以积蓄力量，可以让我们用努力和拼搏实现愿望。

人生，其实就是一场漫长的对抗，有些人笑在开始，而有些人却赢在最终。命运不会偏爱谁，就看你能追逐多久、坚持多久。人生中的许多事情，只要你坚持往前走，属于你的风景终会出现。

不要相信认真你就输了，不认真你怎么赢

分众传媒的创始人江南春说："最终你相信什么就能成为什么。因为世界上最可怕的两个词，一个叫执着，一个叫认真，认真的人改变自己，执着的人改变命运。"

近年来流行一种"丧"文化，比如"差不多得了""认真你就输了""葛优瘫"成了年轻人的标志性口头禅和生活状态。但是"丧"久了很容易失去自信和希望，暂时的逃避是可以的，但"丧"够了，还是要好好生活。

或许有人会问你："那么认真你不辛苦吗？"你不妨问问他："你这样不认真不单调乏味吗？"说认真你就输了，可不认真你怎么赢？如果你经常抱着一种"差不多得了"的生活态度得过且过，那么，你将永远停在原地。你永远只能羡慕别人比你做得好，你的生活永远是一种"差不多"的状态，永远不会改变。

上天赐予每个人的生活是公平的，就看你对待生活的态度如何，我们时刻都在为自己建造生命的归宿，归宿的好坏与个人的努力与付出成正比。今天任何一次不认真所造成的后果，都会在以后的某个地方、某个时间等着

我们。

马化腾作为腾讯公司的主要创办人，有着大多数人都没有过的经历。在他没取得成功之前，他每天的大部分时间都在网上，除了吃饭、睡觉、上厕所，他无时无刻都在网上。当然，他上网不是为了打游戏，他上网只有一个目的，就是认真地在互联网的犄角旮旯里发掘新的商机。比如，QQ秀就是他曾经在网上觅到的一块大肥肉。偶然的一次机会，马化腾发现韩国推出了一种新服务：给虚拟形象穿衣服。马化腾看完之后，就觉得这项服务非常有趣，于是就花时间把韩国的那套东西利用起来，并放到了QQ上进行推广和尝试。同时，他还与一些著名的手机和服装公司合作，比如诺基亚和耐克等，让他们把自己最新款的产品通过QQ秀用户下载下来。就这样，QQ秀因为有这些公司提供服饰设计、手机等多种产品。没过多久，QQ秀就风靡了Q族世界，而腾讯没有为QQ秀的服装、饰品花费作任何投入，这的确是很划算一桩生意。

马化腾的成功，有人说是他运气太好。而马化腾总结说，是对QQ的专注和认真成就了今天的自己。

其实阻止你前进脚步的不是别人，不是工作，也不是没钱，而是你的思想。你觉得，作为一个业余选手，你现在已经差不多了，何必那么认真。其实，作为一个生活的主力选手，你还差得太远，你还需要更认真。一个人想要实现自己的目标，除勤奋外，还要有认真的态度和积极进取及创新的精神。

凡事不要以值不值得来衡量，只要认真了，总会有收获。曾任美国通用电器公司首席执行官的杰克·韦尔奇，被誉为"20世纪最成功的企业领导人"。在被问到如何对待生活，如何对待工作时，他坦言："一旦你产生了一个简单而坚定的想法，只要你不停地重复它，终会使之变成现实。"即使这份努力微不足道，只要认真去做了，终会有所收获。

著名成功学大师拿破仑·希尔曾说："人与人之间只有很小的差别，但这很小的差别却造成了巨大的差距。很小的差别在于态度是认真还是敷衍，而巨大的差距则是成功与失败。"生活不是过给别人看的，名声、地位、金钱、财富都可能离我们而去，但是我们在生活中积累的经验、资历和学到的智慧，是别人永远无法拿走的。所以，不要相信认真你就输了，不认真你怎么赢?

法国启蒙思想家伏尔泰，也是一名剧作家。他创作的悲剧《查伊尔》公开演出后，得到广大观众很高的评价。为此，许多行家也认为这是一部不可多得的成功之作。但伏尔泰本人对这部剧作并不是很满意。他认为，剧中对人物性格的刻画和故事情节的描写还有许多不足之处，需要一步步改进。于是，他开始一次又一次地反复修改，直到自己完全满意后才肯罢休。后来，重排的戏剧《查伊尔》成为经典之作。/

可想而知，伏尔泰如果不以"认真的态度"来要求自己，这出剧目能成为经典之作吗?所以，成功者无论做什么事，都不会轻率和疏忽。认真是一种生活态度，是一种生存素质，这个世界不缺乏雄才伟略的战略家，缺少的是具有认真精神的执行者。

日常生活中，我们应该以高标准来要求自己，有机会做到更好，就要做到更好，无论做什么事，怕就怕在"认真"二字。任何一件事情，无论多么艰难，只要你认真并且全力以赴地去做，就能克服困难，走向成功。认真能将效益带给他人，更能提升自己。无论做什么事，当我们将它看成是一项使命并全情投入时，它将会是一种乐趣，我们也将远离厌倦、紧张和失败，获得更多进步的机会。

志在山顶的人，绝不会贪恋山腰的风景

演员陈懿说："人生路上的种种诱惑，都防不胜防。它们就如细菌一般无孔不入，腐蚀你的生命之树，让你陷入万劫不复之中。"

这个世界诱惑太多了，很多人没有耐心一辈子只做一件事，往往是这也想做，那也想做，多路出击，最后一事无成。耐住寂寞沉下心来做好一件事，这么简单的道理，却是很多人都不懂。梅雷迪思说："一个人倘若一生只追求一样东西，那他就有希望在寿终之前得到它。但是倘若他每到一处什么都想追求，那他只能从遍播希望种子的土地上收获遗憾。"人的价值，每时每刻都在遭受欲望和诱惑的拷问，在那一瞬间，往往意志坚定的人能够经得起各种诱惑和烦恼的考验，达到自己最初的梦想。

有句话说，志在山顶的人，绝不会留恋山腰的风景。一个志向是成为作家的人，绝不会满足于出版过几本书，赚点儿稿费。所谓：生命有尽头，追求无止境；山外有青山，楼外有高楼。唯有坚定自己的人生目标，谦虚向上、放宽眼界，才能突破自我，实现人生精彩。

加拿大女作家爱丽丝·门罗在作品《逃离》中说："逃离，或许是旧的结束，或许是新的开始。"在摇椅上慢慢摇，享受日光，停止奋发向上，这种安逸正一点点侵蚀着我们的灵魂，让我们在不知不觉中逐渐瘫软，直到无力站起。舒适的环境就是这样，没有一丝预兆却又毫不留情地把你拉入万丈深渊。

湖南卫视综艺节目《变形记》中，有个名叫刘思琦的16岁女孩。在这个花季一样的年纪里，她本可以张扬笑脸，尽展青春的光彩，或许她还可以谈一场轰轰烈烈恋爱；但是刘思琦一直把自己当作"巨婴"，连自己的生活起居，她都需要别人的帮助。遇到任何事情她首先想到的就是依赖别人，而不是自己想办法解决。

于是，这个非常有"个性"的小公主，吃饭的时候需要二姨喂，衣服需要妈妈帮着穿，就连剪脚趾甲和穿袜子这种小事，她也需要姑姑的帮助。简直不敢想象，这就是一位16岁青春少女的生活写照。父母的过分宠溺，用金钱支撑起来的价值观念，呼风唤雨的舒适环境，让刘思琦彻底迷失了自我。一旦她有一天离开了家人的宠溺环境，她将会无法生存，甚至连穿衣服这类小事，也不能独立完成。

很多人都知道罂粟花美丽却致命，一旦迷上了刚开始可能会很快乐，后来却要为它付出惨痛的代价。人总是习惯依赖惰性，随意翻几页纸不叫读书，午后的阳光也不叫早起，光说不动更不叫减肥，蜷缩于舒适的环境，两耳不闻窗外事，最后只会慢慢被社会淘汰。其实，不舒适的环境才是认清我们内心的好机会，外部世界是内心世界的投射，内心的痛苦和不舒适，能够带来足以改变一生的重要信息。

美国著名作家斯宾塞·约翰逊认为："理想如果是笃诚而又持之以恒

的话，必将极大地激发蕴藏在你体内的巨大潜能，这将使你冲破一切艰难险阻，达到成功的目标。"所谓成功者决不放弃，放弃者绝不会成功。狠下心坚持住，有什么事不能做成呢？一个人克服一点困难也许并不难，难的就是能够坚持做下去，直到成功为止。任何人想干任何大事，都需要坚持，坚持下去你就会离成功更近。

无产阶级革命家李大钊说过："青年啊，你们临开始活动以前，应该定定方向。比如航海远行的人，必先定个目的地。中途的指针，总是指着这个方向走，才能有达到目的地的一天。"人，如果有了远大的志向，就不能满足于一时的成就，而是要通过不懈的努力，步入最终的成功。你想成为成功的人还是一个半途而废的人，完全取决于你选择怎样的生活，目标如何，宗旨如何，勇气如何，信心如何。动物的生存和人的生存的区别在于人需要有生活的目的，那是比肉体生存还要伟大的目标。

有人说："世界上没有绝对的幸福，只要尽心就是完美的人生。"所以，想要活得精彩，就需要我们永不停歇地坚持和不断地突破自我。志在山顶的人，绝不可留恋半山腰的风景。要做跳出井底之蛙，追求那片更广阔的天地；要与百花争艳，点缀那片更美丽的沃土。

每一个优秀的人，都有一段沉默的时光

台湾著名作家刘墉曾说过：每一个年轻人都要过一段"潜水艇"似的生活，先短暂隐形，找寻目标，耐住寂寞，积蓄能量，日后方能毫无所惧，成功地"浮出水面"。

繁华或者寂寞都是人生必经的过程，人要有勇于面对繁华的格局，也要有沉淀寂寞的胸怀。但凡成功之人，往往都要经历一段没人支持、没人帮助的黑暗岁月，而这段时光，恰恰是沉淀自我的关键阶段。犹如黎明前的黑暗，挨过去，天也就亮了。

曾经有一个养蚌人，他一直想培育一颗世界上最大、最美的珍珠，但这个愿望久久未能如愿。有一天，他很早就来到沙滩上精心挑选沙砾。他耐心地询问每一颗沙砾，问它们愿不愿意变成一颗美丽的珍珠。但是那些沙砾都拒绝了他。就在他决定放弃的时候，终于有一颗沙砾答应了他。

为此，其他的沙砾都在不断地嘲笑那颗沙砾，说它要么是傻瓜，要么是弱智。如果去蚌壳里住，不仅会被深藏海底很多年，还会远离亲人朋友，见不到阳光雨露，也享受不到明月清风。甚至还会缺少空气，只能与黑暗、潮湿、寒冷、孤寂为伍。那样的生活实在是太憋屈、太不值得。然而，那颗被称为"傻傻"的沙砾还是毫不犹豫地跟随养蚌人去了。

很快，几年过去了，那颗沙砾居然真的成了一颗晶莹剔透、价值连城的珍珠。而曾经嘲笑它的那些伙伴们，却依然只是一堆沙砾，有的已风化成土，有的已不知去向……∥

成功的人，都是能够承受住寂寞的人。一事无成的人常常会被外面的花花世界所诱惑，最后在朝三暮四的动摇与徘徊之中浪费了大好时光。如果你有开创事业的远大志向，能够在浮躁的环境中真正静下心来，踏踏实实走好每一步，坚守住寂寞，那么你一定能获得惊人的成就，也会对生活中的寂寞和快乐有更多的感悟。

耐得住寂寞，守得住繁华。在成功前，总会有一段寂寞和孤独的旅途。当你艰难地走过黑暗与苦难的长长隧道之后，或许会惊讶地发现，平凡如沙砾的你，不知不觉已成为一颗光彩夺目的珍珠。每一个优秀的人，都有一段沉默的时光。但是，在这段时光里，我们需要不断地反省，需要保持平和的心态，不要让艰难的人生被磨灭了志向。

著名导演李安在成名之前，也经历过一段沉默的时光，大约有六年时间是待在家里做家务的，人称"家庭妇男"。在这六年里，李安每天除了做家务就是看书、看影片、看剧本。当时很多人都嘲笑他，靠老婆养，是个吃软饭的男人。但是这些并没有磨掉李安的锐气，反而让他对家庭的意蕴有了深刻认识。李安忍受住寂寞，在寂寞中学习、积累、成长，终于成为世界瞩目的大导演，成为华人的骄傲。／

有时候我们的很多努力看起来像是在做无用功；有时候我们像被卡在了某个狭小的空间中，不能动弹。可正是那些无用功和那些动弹不得的日子让你走到了今天。

新东方教育科技集团董事长俞敏洪曾说："当你是地平线上的一棵小草的时候，你有什么理由要求别人在遥远的地方就能看见你？如果你的心灵是草的种子，你就永远是一棵被人践踏的小草；如果你的心灵是一棵树的种子，早晚有一天你会长成参天大树。"有目标的人既能忍受得住成功路上寂寞，也能经受得住成功时的繁华。

每天都要对自己说，我需要再努力一点，即使看不到希望，也要坚持。每个优秀的人，都有一段沉默的时光。那段时光，是付出了很多努力，忍受孤独和寂寞，不抱怨不诉苦，日后说起时，连自己都能被感动的日子。唯累过，方得闲；唯苦过，方知甜。

这个世界不会
阻止你自己闪耀

第二章

———

这辈子很短，
不要为别人而活

苹果公司联合创办人乔布斯曾说："听从自己内心的声音，做自己想做的事，没人能够替你做决定。"生活中遇到困难，遇到选择的时候，胆小怯懦的人总是将决定权交给别人，似乎这样做，自己就不用接受坏的结果。当你的梦想遭到别人质疑时，当你努力工作却被别人嘲笑时，请堵上自己的耳朵，不要让别人的想法决定你的人生，不要让别人否定的目光，扰乱你内心的平静，静下心来努力做事，这个世界不会阻止你闪耀。//

你自己不规划人生，就会有人替你规划人生

成功学大师陈安之说："没规划的人生叫拼图，有规划的人生叫蓝图；没目标的人生叫流浪，有目标的人生叫航行！"

在人生这盘棋上，只有少部分人把自己的角色设定为棋手，大部分人则把自己的角色设定成棋子，落子靠随意，遇事靠自然。然而，人生那么短，变数又太多，一不留神就会越走越偏。当你渐渐老去的时候，回想这一生竟因为自己的疏忽大意忘了锁定目标而走得东倒西歪，没有一丝精神寄托，确实是遗憾又可悲。人生有了规划，才不会迷茫。

"新东方"创始人之一徐小平曾经说过："人生没有计划，你离挨饿只有三天。"话虽然有些夸张，但在竞争如此激烈的当今社会，"人生需要规划"已经是毋庸置疑的事实。倘若你宁愿摸黑前行，也不愿为自己点亮一盏灯，那么，你将永远在错误的游戏中徘徊而无法走出去！

1944年，美国洛杉矶郊区的一个镇子上，有一位没有见过世面的15岁少年，名叫约翰·戈达德。他在填写"一生的志愿"表格时，工工整整、认认真真地填写了自己的127个目标。这些目标包括：到尼罗河、亚马逊河和刚果河探险；登上珠穆朗玛峰、乞力马扎罗山和麦特荷思山；骑上大象、骆驼、鸵鸟和野马；探访马可·波罗、亚历山大一世走过的道路；驾驶飞行器起飞降落；读完莎士比亚、柏拉图和亚里士多德的著作；写一本书……

当他写完这些目标之后，说："这就是我的生命志愿，我要用自己的生命去一一完成！"在他16岁时，他就跟随父亲来到佐治亚州的奥克费诺基大沼泽和佛罗里达州的艾佛格莱兹探险，他完成了表上的第一个项目；18岁时的秋天，他踏着漫天落叶，离开了自己的家乡；20岁，他成为一名空军驾驶员；21岁，他已经游览了21个国家；22岁，他在危地马拉的丛林深处发现了一座玛雅文化的古庙。同年，他成了"洛杉矶探险家俱乐部"有史以来最年轻的成员。

在亚马逊河探险时，他曾好几次船毁落水，差点儿死去；在刚果河，他几乎葬身鱼腹；在乞力马扎罗山上，他不幸遭遇过雪崩，甚至被凶猛的雪豹追逐，吓个半死。直到60岁时，他已经实现了127项目标中的106项。

白驹过隙，人生短暂，当你觉得生活过得太单调，日复一日、按部就班，又或者你不满足于现状，想要改变，却又无从下手。你不知道自己想做什么，也不知道自己想达到什么目标，那就说明你欠自己一个合理有效的人生规划。

为什么蜜蜂忙碌一天，就会人见人爱；而蚊子整日奔波，却被人人喊打？因为你有多忙并不重要，重要的是你都忙了些什么。世界上很多人看似忙忙碌碌，但最终一事无成，其中最重要的原因是他们没有对自己的人生进行规划，从而选错了人生方向，把精力消耗在了偏离方向且微不足道的事情上，白白做了许多无用功。他们在羡慕别人成功的同时，往往不知道自己的失误到底在哪里。一个完美的人生规划胜过千百次的努力！今天的生活是由三五年前的目标决定的，而三五年后的生活是由今天决定的。

当一个人没有明确目标的时候，就不知道自己该怎么做，就算别人想帮你也无从下手！当自己没有人生规划，没有努力的方向的时候，别人说得再精彩，也是别人的规划，不能转化为你的有效行动。

不懂得人生规划，就如同疯牛踏入花园——践踏别人生命的图画，自己的人生也是一片狼藉。美好的人生，就如同盖一栋大楼，需要一个清晰的蓝图。有的人没有人生目标，总抱着当一天和尚撞一天钟，活一天算一天的态度应对。人生只有几十年的时光，倘若在你的生活中只有吃喝玩乐，那么你的人生将是很可悲的。

人一定要对自己的人生负责，当你踏入社会时，就步入了俗世，走进了诸多的无奈。不会有人因为你的迷茫和疏忽就格外地照顾你。你应该明白，社会是供你演好人生的舞台，在人生这部剧中，作为主角的你不要指望别人为你写好剧本，你需要按自己写的剧本竭尽全力演好你的角色。

你就是你，是颜色不一样的烟火

丹麦著名作家吉勒鲁普说："我敢做……我是自己的主人。"

人都渴望被赞美、被肯定、被欣赏，但是，没有人知道自己的形象在别人口中会有多少版本，更不会知道别人在背后会怎样诋毁你，也没有人阻止那些不符合事实的闲话。想要在现实生活中得到别人的赞美和欣赏并不容易，遇到更多的或许是责难、讥讽和嘲笑。其实，何必在意别人的眼光呢？人最重要的应该是学会自我欣赏、自我赞美。因为，每个人身上都有值得人们欣赏和赞美的地方。

世界上没有两个完全相同的人，正如自然界中没有两片完全相同的树叶一样，你在这个世界中是绝无仅有的。所以，你不需要自卑于没有一个好的出身，也无需懊恼于没有沉鱼落雁之貌，没有翩翩风姿，没有学富五车。一个人无论他曾经拥有过什么，他的起点和终点都只是哭喊着出生和平静地离开。

在一个阳光明媚的早晨，动物们懒洋洋地躺在草地上悠闲地聊天。这时候，熊挪动着自己又胖又笨的身体，在旁边抱怨道："哎，真的好羡慕小兔子啊，你看它们的身体那么灵活，跑起来就像一阵风一样！"在一旁的小兔子听到熊的夸赞，有点儿害羞地说："其实我没有什么可羡慕的，我倒是比较羡慕小刺猬，你看它们全身都长满了刺，这些刺可以保护自己，不会遭到其他小伙伴的欺负。"刺猬听到小兔子对自己的赞美，很是意外，它说："我有什么好羡慕的啊？要说起羡慕，其实我最羡慕的是长颈鹿，你看它站得那么高，看得那么远，我们永远也没法跟它们比。"正在散步的长颈鹿听到刺猬这番话，十分不解地说："我的脖子这么长，有时候真的很不方便呢，我还是比较羡慕小猴子，你看它们既能爬得像我一样高，也可以在地面随意奔跑，多自由啊。"小猴子听到高高在上的长颈鹿居然会羡慕它，真是又惊又喜，它说："梅花鹿才值得让人羡慕呢，你看它，可以在草地上飞速奔跑，我却永远也做不到。"胆小怕事的梅花鹿急忙说："我还是最羡慕熊大伯，你看它的胆子那么大，力气也那么大，肯定没有谁敢欺负它。"熊听到这话后十分高兴，它笑着说："原来我们都不是十全十美的，我们之所以总是羡慕其他动物，就是因为忘记了自己也有令它们羡慕、称赞的地方。我们就是我们，不需要再去羡慕别人。"∥

　　人们都在互相羡慕着，你羡慕我的无拘无束，我却羡慕你的按部就班；你羡慕我宽大明亮的房子，我却羡慕你幸福温馨的日子。在生活面前，我们都成了远视眼，总是活在对别人的仰视里，却忽略了身边的幸福。文学评论家卞之琳说："你站在桥上看风景，看风景的人在楼上看你。"很多时候，人们往往不知道，自己在欣赏别人的时候，别人已经把你当成了一幅美丽的画卷了。

　　所以，无论是谁都该为自己感到自豪，应该学会欣赏自己，因为我们都有不同于其他人的地方，都有令别人羡慕的地方。一定要保持自己的个性，不要因为外界的因素而随意丢弃它，不要轻易跟随别人的脚步，保持独立的思考方式，坚守自己的信仰。每个人都与众不同，做自己就好。要知道，你就是你，是颜色不一样的烟火。

为什么有的人活得有滋有味，有的人却活得了无生趣。究其原因是，有的人活出了自我，而有的人丢失了自我。但是，你一定要清楚，你并不是别人，你就是你自己。你与别人不同，具有唯一性、不可复制性和不可替代性。你不该亦步亦趋，也不该随波逐流，更不该诚惶诚恐，做自己就好。

据说，世界上有一种虫子，叫列队毛毛虫。这种毛毛虫有一个特点，就是特别喜欢列成一个队伍行走。走在最前面的一只主要负责方向，后面的只管跟随，没有其他任务。为此，生物学家法布尔曾针对列队毛毛虫做了这样一个实验：他把一群毛毛虫放在一个大花盆边沿，并诱导领头的毛毛虫围着这个大花盆绕圈，于是，其他毛毛虫也都首尾相连，跟着领头的毛毛虫围着花盆形成了一个圈。

这样一来，这个花盆边沿就形成了一个无始终的自转圈。其中，每个毛毛虫都是头，当然也都可以是尾。于是，每个毛毛虫都跟着它前面的毛毛虫不断地爬呀爬呀，因为它们找不到出口，它们没有时间吃喝，也没有时间休息。

这些毛毛虫只是遵守着它们的本能、习惯、经验，失去了自己的判断，盲目跟从，进入了一个循环的怪圈。其实，很多时候人也是这样，很多人抹掉了自己的本性，盲目跟随那些所谓的权威者，最后就会失去自我。每个人在这个世界上都是独一无二的存在，而且都有存在的意义。生活在这个缤纷的世界里，我们要做到不忘初心，要坚守自己的梦想，要做自信的自己。我们不能改变世界，可以试着改变一下自己，但是我们不能丢失自己。用自信来应对这一切，让自己过得洒脱点。

有人说："我就是我，是颜色不一样的烟火。他就是他，是两块钱一捆儿的呲花。你就是你，是七毛钱一盒的擦炮。"无论是烟火，还是呲花，或者擦炮，都拥有自己的价值，都拥有自己的美丽。

别人的眼光不重要，你把事情做成什么样子才重要

席慕蓉在《独白》中说："在一挥手间，才忽然发现，我的一生的种种努力，不过只是为了周遭的人对我满意而已。为了要博得他人的称许与微笑，我战战兢兢地将自己套入所有的模式，所有的桎梏。走到中途，才忽然发现，我只剩下一副模糊的面目，和一条不能回头的路。"//

你是不是经常在意别人怎么看你？怕自己做得不好，别人会议论你，甚至在心里取笑你。你觉得你不是为自己而活，而是活在别人的目光中。很多时候，你会有意无意地跟别人比，时常活在别人的阴影里，不能自拔。

这样的状态，相信不少人会有。"走自己的路，让别人去说吧！"多洒脱的一句话，但真正能做到不在意别人的看法的人又有几个？生活中有很多人，很在意别人的看法，自己的喜怒哀乐都会随着周围人对自己的看法而发生变化。

其实，为人处世，不必太在乎别人说什么，而是要看自己该做什么。

你管不了别人的嘴，但是你要管住自己的心。没有不被议论的人，更没有不被议论的事。听得多了、想得多了才会烦恼。但是，只要你把事情做得漂亮，一切烦恼都将会随风而去。

　　小薇是一个刚步入职场的姑娘，她没有什么主见，做事的时候总是唯唯诺诺，思前想后，一遇到问题就左右摇摆不定。当她第一天去上班时，凑巧在电梯里遇到了只有一面之交的公司人力资源部主管林副总，小薇就开始在心里纠结要不要回头跟林副总打个招呼。可是她又担心，如果主动打招呼，会不会显得自己在巴结他。她转念又一想，人家或许根本就不认识她，又何必自讨没趣呢。想了半天，她决定假装没看见就好。

　　说来也巧，在小薇给林副总的秘书送报告的时候，林副总刚好从办公室里走出来，视若无物，目光从她身上飘过。这时候，她又开始后悔在电梯里的行为，后悔没跟林副总打招呼。没过多久，小薇的上司带着林副总还有她一起跟客户吃饭，由于上次的电梯事件，小薇很想和副总搞好关系。但是整个过程中，小薇都没有任何表现，她仅仅在心里挣扎了无数次，始终没有行动一次，这让她懊恼不已。

　　在去往目的地的途中，上司和副总谈论公司里的事情，小薇想，公司里的事，她一个新人不好插嘴，就一直一言不发。中间副总咳嗽了一阵，她想询问副总是否生病了，以表关心。但这个念头一出来，她就觉得害臊，她怕被同事认为是"献媚"。在她反反复复做着心理斗争的时候，她的上司开口了："最近身体不好？"副总叹了口气说："老毛病，一到这个时候就犯病。"于是，他们又聊到了生活。有几次小薇都想参与到话题中，又想："他们关系熟悉才谈得这么亲近，我有什么资格参与进去？不要搞得像我故意巴结一样。"所以，全程她都保持沉默。

吃饭的时候，因为觉得自己是个职场菜鸟，所以敬酒这种场面上的事自然不能积极；与对方公司交流这种事情，她也不知道从何说起，生怕自己说错了话被别人取笑。小薇就像空气一样干坐在一边。上司为缓解她的尴尬，要她表现一下新人的风范，去给对方的副总敬酒，她立刻说自己不会喝酒，敬果汁可以吗？一下子把轻松的气氛降到了冰点……

小薇的思想波动、犹豫不决，其实就是被别人的看法左右了，所以，有些事情，她想到了，但就是怕别人的非议所以不敢去做，让自己身处尴尬，活得憋屈。

韩寒在《告白与告别》中说："我在赛车之前，遇到的是不理解和嘲笑，现在我是七届总冠军。但在游泳之前，我遇到的是支持和吹捧，但我依然游不好。别人的眼光不重要，你把事情做成什么样子才重要。"只要把事情做漂亮了，别人的嘴会自己闭起来。其实很多时候，有些事就算你做得再好，也会有人鸡蛋里挑骨头；即便你做得很差，可能还会得到别人的鼓励。所以，不必纠结于外界的评判，不必为了迎合别人的眼光而扭曲了自己。按自己的心意，做该做的事，你把事情做成什么样子才重要。

卡耐基说："人最大的弱点，就是太看重别人的看法和反应，顾虑重重，将本来挺简单的事情办得复杂化了。"人，想要主宰自己的人生，就不要太在意别人的眼光，坚持走自己的路，做自己想做的事，并且把它做得"漂亮"，才能活得舒心、踏实。

在这个社会中生活，我们不能完全被外界所支配，不能一味地听取别人的意见，只在乎别人的意见。你要知道，只要有追求，就会有失望；只要活着，就会有烦恼。人生最怕什么都想得到，然而却又什么都抓不牢。人生哪来固定的轨道？无论你选择怎样的方式生活，只要你觉得过得舒心，比什么都重要。淡然于心，从容于表，人生需要无畏别人的眼光，优雅自在地生活。

无须讨好世界，且让自己欢喜

> 作家林语堂说："我要有能做我自己的自由和敢做我自己的胆量。"╱

当你发现这个世界不公平，却又无能为力的时候，你是指着天愤然骂娘，然后无视它的不公，继续坚持自我；还是觍着脸去讨好它，迎合它的不公，然后随波逐流，抹杀自我？在这个世界上，对自己生活状态不满意的大有人在。为了改变现状，有人会一味地讨好同事、讨好上司，甚至讨好这个看不透也摸不清的世界。或许，他们认为既然生活在纷乱的世界中，接受着它的浸染，就必须与它的关系变得顺滑；只有迎合世俗，讨好世界，才能把路走得更顺。

但也有人认为，每个人都是独立的个体，拥有独立的自我意识，我们要追求真我，所以，必须要遵循内心的选择，重新定义别人已下了定论的东西，即便翻了身的咸鱼还是一条咸鱼，奋斗了一辈子的小人物终究还是小人物，但至少他们还坚持着翻了一下身，至少他们还曾奋斗过，就算遍体鳞伤也在所不惜。

对待生活，我们不能忽视每一份热情，但是也不需要讨好任何漠视，不需要向命运俯首称臣，也别为了讨好这个世界而丢失了自己。其实，当我们一味地将心思投入到如何讨好别人、如何迎合这个世界的时候，我们就缩小了提升自己的空间和可能。如果我们不及时调整这种处事风格，那么终有一日，我们会自食恶果，不仅会失去世界，还会丢失自己。

当代著名的作家史铁生，在他21岁那年，生了一场大病，双腿瘫痪成为残障人士。由正常人变成残疾人，他受到了很大的打击。史铁生一开始也很绝望：他不是什么天才，家里背景也不好，不知道未来该如何是好。但他并没倒下去，虽然痛苦，他也没有向这个残酷的世界低头。因为他知道如若颓废，只会任由这个世界嘲笑残酷的现实。于是，他选择接受自己。"左右苍茫时，总也得有条路走，这路又不能再用腿去蹚，便用笔去找。"于是他坚持写作，终于走出了属于自己的路。

无须讨好这个世界，也无须讨好他人，在这个世界上，每个人看问题的标准和角度不一样，所以，不管你怎么做，不可能让每个人都满意。只要以积极的心态面对生活，面对世界，尊重自己的内心就足够了，不必为了讨好这个世界而扭曲了自己。

作家王小波说："我只愿意蓬勃地生活在此刻，无所谓去哪，无所谓见谁。那些我将要去的地方，都是我从未谋面的故乡。以前是以前，现在是现在，我不能选择怎么生、怎么死，但我能决定怎么爱、怎么活。"既然生与死我们没有选择的权利，那么就决定怎么活吧！按自己的心意活，让自己过得舒心、快乐点吧！因为，就算你很努力地去取悦别人，用心地讨好这个世界，也可能照样得不到别人的认同，世界照样还是要虐你千百遍。

难道还要无底线地继续做这些迎合别人的事吗？其实一个真正强大的人，不会把太多的心思花费在取悦别人上面，所谓的圈子和资源都是衍生品，只有花时间努力修炼并提高自己、取悦自己，才能赢得别人的尊重；只有平等对待，才能让你的心不卑不亢。一味取悦别人最终丧失的是自己的灵魂，活得再洒脱点，自己喜欢就好。人生短暂，稍纵即逝，我们消耗掉的每一天，都是无法重来的，要以对自己好为目标来激励自己，努力活出属于自己的精彩。

他人的嘴都道不明你该走的路

电影《后会无期》中有这样一句台词："喜欢最后那句'闭嘴'，因为说再多，劝再多，他人的嘴都道不明你该走的路，符合自己内心的愿望比活成他人想要的形状更重要。"//

当别人对你的生活"评头论足"的时候，你是听之任之还是照单全收呢？你是不是总会在众说纷纭中迷失自己，就如进入了辽阔的荒漠，不知道该向哪边走？你是不是总将他人的意见作为衡量自己行为的标尺，总是陷入深深的懊恼之中？你是不是经常在听取了一堆五花八门的答案后，仍是一头雾水，感到一片茫然？

在我们的手掌心中，有很多横七竖八有规律的纹路，其中一条贯穿手掌的斜线被称为"生命线"。生命线连接着手腕与食指，代表着生命的脉络。值得注意的是，如此神秘且深奥的生命线，掌握在我们自己手中，这意味着命运就该自己来主宰，别人的嘴道不明你该走的路。很多人希望别人来帮忙参谋自己的梦想、自己的目标，但是别忘了，更多的人会告诉你梦想是多么遥不可及，让你见识到自己是多么不自量力，真正能够帮助你找到正确的路的人真的不多。

《伊索寓言》中有这样一则故事：磨坊主和他的小儿子赶着驴子到附近的市场上去卖。在路上，他们遇见了一些妇女聚集在井边，谈笑风生。其中有一个看到他们说："瞧，你们看见过这种人吗，放着驴子不骑，却要走路。"磨坊主听到此话，立刻叫儿子骑上驴去。

又走了一会儿，他们遇到了一对正在争吵的老头，其中一个说："看看，我刚才说什么来着？现在这种社会，根本谈不上什么敬老尊贤。你们看看那懒惰的孩子骑在驴上，而他年迈的父亲却在下面行走。下来，你这小东西！还不让你年老的父亲歇歇他疲乏的腿！"磨坊主便叫儿子下来，自己骑了上去。

他们继续走着，又遇到一群妇女和孩子。有几个人立刻大喊道："你这无用的老头，你怎么可以骑在驴子上，而让那可怜的孩子跑得一点力气都没啦！"老实的磨坊主立刻又叫儿子来坐在他后面。

快到市场时，一个市民看见了他们便问："朋友，请问这驴子是你们自己的吗？"磨坊主说："是的。"那人说："人们还真想不到，依你们一起骑驴的情形看，你们两个人抬驴子，也许比骑驴子好得多。"磨坊主说："不妨照你的意见试一下。"于是，他和儿子一起跳下驴子，将驴子的腿捆在一起，用一根木棍将驴子抬上肩向前走。经过市场门口的桥时，很多人围过来看这种有趣的事，大家都取笑他们父子俩。吵闹声和这种奇怪的摆弄使驴子很不高兴，它用力挣断了绳索和棍子，掉到河里去了。这时，磨坊主又气愤又羞愧，转身逃回家了。

任何事物都不可能让所有人满意，每个人做事的时候可能都会经受各种闲言碎语。有不少人就在这些"闲言碎语"的压力下"变了形"，失去了自我，以至于做的事违背了自己的初衷。其实，别人的经验或者教训用在你身上未必适合。所以，与其不情愿地踏着别人的脚步，走一条不适合自己的路，还不如披荆斩棘开拓出一条属于自己的道路，即使这条路上有千难万险，只要是按照你自己的想法去走，再坎坷也值得。

其实，生活中不管你做什么，做得多好，总会有人指手画脚；不管你怎么活，活得怎样，总会有人说长道短。这世上，没有不被议论的事，也没有不被议论的人。"吹毛求疵"是别人的自由，我们没有资格去约束别人，但我们按照自己的意愿走路，别人同样也没有资格约束我们。

我们的命运谁做主？当然是我们自己。当踏上人生旅途时，便是破釜沉舟的开始，在人与命运的较量中，你不能总是在别人的嘴巴下生存，你需要做的就是坚守内心，做你发自内心想做的事，你的人生才不虚此行。他人的嘴道不明你该走的路，符合自己内心的愿望比活成他人想要的样子更重要。所以，要活出自我，不必太在意周围世俗的目光，要有自己真正爱好的事情，按自己的心愿而活，生活才有意义。

即使听了很多大道理，却依然过不好这一生

> 韩寒说："听说过很多大道理，却依然过不好这一生。"生活的最高境界，并不是知道多少道理，而是听过了很多道理之后，你真的按照道理去做了。

在韩寒的电影《后会无期》的海报上，有这样一句话："即使听了很多大道理，依然要活得随心所欲。"整部电影都充满了韩寒式的幽默，既没有刻意的煽情，也没有所谓的人生大道理，"你连世界都没观过，哪来的世界观"的台词，是韩寒送给我们的反心灵鸡汤。为此很多人会疑问：大道理是错的吗？大道理当然不是错的。那么为何很多人听了那么多的大道理，却依然过不好这一生？

可能道理并不是坚不可摧的，人的一生充满着未知，很多事情需要你去体验、感受，这个时候你才能切实体会听到的大道理，但不是每一次我们都能够运用大道理使自己绝处逢生。也或者你过不好这一生，不是大道理听得不够多，只是在"知道"和"做到"之间，还缺少若干个环节。

每个人的身上都存在着一定程度的贪念、嗔念与痴念。我们也常常会

遇到贪心的人、爱乱发脾气的人以及死心眼的人，但是更常见的是懒惰的人。生活中，每个人都希望自己的明天更加美好，但是要明天过得美好是需要付出实际行动的，并不是听了大道理就会去做，很多人都是煲着鸡汤，吃着鸡肉，不吐骨头的，能喝完一碗再来一碗。能有时间多看几场电影，多玩几个小时的游戏，总比去工作、看书、学习要舒坦。

小李是生活中的"金句子之王"，他时常能妙语连珠，讲出很多大道理，让周围的朋友十分敬佩，他也曾帮助很多朋友从低迷的情绪中走出来。但是懂得很多大道理的小李却很奇怪，除了口才和给人感觉什么都懂以外，他似乎并没有在生活工作中有任何突出的成就。和许多普通的年轻人一样，早九晚六，月薪四千，常常"月光"，甚至在老板的心中，小李并没有哪些地方比别人优秀。

同一个部门的主管小王在保险行业的成绩已经是首屈一指的了。小王和小李起初是同一个位置上的同事，同样在保险行业中待了七八年，但在这七八年的工作中，小王一直都有持续性保单，小李却很难做到。所以，最后小王成了部门主管。

"金句王"小李终于在憋了几年之后，向小王询问他能够成功的秘诀，没想到小王只是说："没有别的，就是按照导师说的，勤奋找客源。"小李听到后感觉不可思议，道理都懂，但是真的仅仅靠找客源就能成功？

后来，小李观察到小王每天都会到批发市场的摊位跟老板们聊保险，持续了好几个月，他的客源就是这样慢慢积累起来的。直到此刻小李才明白，要做到"听了道理，就能过好一生"，这简直太难了，因为自己从来没有去做那些听起来就很有道理的事情。

我们经常可以听到那些深陷痛苦与纠结中的人无奈咆哮："道理我都懂，可我就是做不到！"甚至有时我们自己也颇有这种感慨，学习了很多知识，懂得了很多所谓的真理，然而当事情发生时，我们依然会被一股无形的力量所驱使，义无反顾地朝着与理性思考背道而驰的方向狂奔，拉都拉不住。其实，这就是一种懒惰的表现，懒于做出改变。严格来说，懒惰是人们的共性，人们擅于对自身缺陷表达痛苦，但是直面自己与生俱来的性格、和"懒癌"做斗争真的是一件十分艰难的事情。

其实"听了很多大道理"这里包含很重要的两点："懂"和"做"，二者缺一不可。我们很多人都会依靠听觉去感受道理，但是"听过"不等于"听懂"。即使"听懂"了，要去掌握和实践。尽管你可能知道一百个大道理，也读懂了这些道理所要表达的精髓，可是如果你不去行动，就永远只能停留在原地。

你愿意做的那件事，才是你的天赋所在

摩西奶奶说："你最愿意做的那件事，才是你真正的天赋所在。"

大多数人的一生，其实要求很简单，做自己喜欢的事情，与自己喜欢的人在一起；父母尚在，并且健康，这就是最大的幸福。但是这个看似不大的目标，实现起来并不容易。更多的时候，迫于生活压力，大多数的人放弃了自己喜欢做的事，背井离乡，远离父母，年轻的时候不能够陪伴在父母身边尽孝，等到经济条件和时间都允许的时候，又会遭遇"子欲养而亲不待"的痛苦。

说到这里，可能很多人都有些疑问，我们这一生究竟是为了什么活着？是做自己更喜欢的事情，还是按照多数人的常态去工作赚钱、借贷买房、生儿育女、靠养老保险度过一生？其实，做自己喜欢做的事，更容易做出成绩；自己愿意做的那件事，才是你的天赋所在。

很多年前在美国的一个小乡村，住着一位老人，大家都很亲

切地称她"摩西奶奶"。她出生于纽约格林威治村的一个农场，父亲是一位农夫，27岁时，她走入婚姻殿堂。从此，她便像所有普通的主妇一样，操持家务，每天擦地板、挤牛奶、洗衣服、做各种吃的，并且养育了10个孩子。时光匆匆，年复一年，岁月总是慷慨于每一个珍惜它的人。

摩西奶奶热爱大自然，喜欢刺绣，一直到76岁的时候，因为关节炎不得不放弃刺绣，开始学习绘画。80岁时，摩西奶奶在纽约举办个人画展，引起轰动。美国学者称这种现象为"摩西奶奶效应"。

在摩西奶奶100岁的时候，有个日本年轻人给她写了封信，在信中他告诉摩西奶奶：他从小就喜欢文学，很想从事写作。可是大学毕业后，迫于亲人的期许和各种生活压力，他去医院工作了，可心里一直对这份工作不满意，时常感到心烦意乱。眼看快30了，他不知该不该放弃这份收入稳定的工作去从事自己喜欢的写作。

摩西奶奶用心地给他回信说："做你喜欢做的事，上帝会高兴地帮你打开成功之门，哪怕你现在已经80岁了。"这个年轻人就是日本后来著名的作家渡边淳一。

对人生而言，任何时候都可以开始，只要你想。重要的是找到适合自己的道路，寻找到内心情愿为之付出时间与精力，终生喜爱并坚持做的事。哪怕你已是花甲之年，也要做你想做的事，因为那才是你的天赋所在。

诚然，正确地认识自己对每个人而言都是一件困难的事。我们有可能终其一生，都不明白自己追求的是什么。但是，人的一生总得有心甘情愿去做的事情，比如：下棋、读书、听音乐、跑步或是烹饪。其实只有做愿意做的事情，你的生活才不至于那么糟。所以，能发觉自己喜欢的事情是幸运的。当你不计功利地全身心地做一件自己喜欢的事情时，那种投入时的愉悦和成就感，便是最大的收获。能做自己愿意做的那件事，生命才有意义。

每个人都有自己独特的才能。需要自己认真地去发现。蒲松龄屡试不第，却写出了文笔不凡的《聊斋志异》；柯南·道尔行医无所作为，却创作了《福尔摩斯》。投身自己真正愿意做的事情时的专注与成就感，足以润色琐碎日常生活带给你的厌倦与枯燥。有句话说："一辈子这么长，我们需要和有趣的人在一起。"同理，一辈子这么长，我们需要与愿意做的事业为伴。因为它能让你在每个清晨醒来的时候，有足够的力量去面对一天的劳累和奔波。人只要有了寄托，就有了力量。而这个寄托是由你愿意做的事衍生而来的。

当爱好遇到坚持，你就会发掘自己的天赋，成就自己的才华。所以，坚持去做你愿意做的事情，只有它，才能让自己投入真正的感情。有人说，做自己喜欢的事不会累。正如喜欢做菜的人，不管一天的工作有多劳累，都会费尽心思去研究一道菜肴；喜欢养花的人，会如呵护自己孩子一般去呵护花朵；喜欢写作的人，不管夜多深，都会忘我地创作。其实，仅仅是让自己快乐，让你成为一个有趣的人，就已足够。

有的人可以没有全世界，却唯独不能丢了自己愿意做的事。当我们真正投入到自己喜欢的工作或是爱好里时，你就会发现，无论是时间、金钱、名利，还是地位，于自己而言都轻如鸿毛。做自己愿意做的事，这样的体验本身就是收获，或许在这个过程中，你还会发觉自己的天赋。

喜欢一件事，就去做吧！在这烦琐无味的生活中，能让自己保持生活热情，做自己乐于做的事。人生苦短，满足自己的心愿，做自己想做的事，即便只能把它当成业余的爱好，也不要亏待自己的心。也许你坚持了，终有一天，就会达成心愿。

你就是想得太多，做得太少

培根曾说："好的思想尽管得到上帝赞许，然而若不付诸行动，无异于痴人说梦。"

你是不是经常慵懒地躺在沙发上，规划着你的人生。比如，你想着应该多看看书，增长点知识，实际上却是拿着手机刷朋友圈。又或者，立志从现在开始做点什么，不要让自己过得太空虚，却抽着烟，打着游戏……。你时常在思考，你的想法也很多，然而却只限于想想而已。

生活中有这么一种人，他们总是思想的巨人，行动的矮子。这类人往往想得很多，很美好，却从来不付诸行动。要知道没有行动的思想就等于慢性自杀、浪费生命。善于思考不是一件坏事，但是，只思考，不行动，你终将碌碌无为。甚至有时候过度的思考，想得太多，反而会成为行动的绊脚石。

很多人常说自己是痛苦的，痛苦于对现实生活的不满，痛苦于命运对自己不公，痛苦于别人太现实。他们认为自己的这些痛苦是由他人造成的，却从来见不他们为了改变这种痛苦去行动。究其原因，还是因为想得太多，做得太少。

有一位美国女孩名叫凯特，她的理想是当电视节目主持人。她觉得自己具有这方面的天赋，因为每当她和别人相处时，即使是陌生人也能和她聊得很融洽。在聊天时，她总能走入别人的内心。

她常说："只要有人愿给我一次做电视节日主持人的机会，我相信一定能成功。"但她没有为实现理想做任何努力，只是在等待，于主持人而言，她除了会聊天别的什么都不会。所以，她的理想一直停留在口头上，因为没有人会请一个毫无经验只会聊天的人去担任电视节目主持人。

而另一个女孩赛维却实现了像凯特一样的理想，成了著名的电视节目主持人。赛维之所以会成功，是因为她知道"天下没有免费的午餐"，一切成功都要靠自己的努力去争取。她白天去做工，晚上在大学学习。毕业之后，她开始谋职，跑遍了洛杉矶每一个广播电台和电视台。但是，每个地方都要求得有经验。她并没有退缩，坚持寻求工作机会。

在一次阅读关于广播电视方面的杂志时，她发现了一则招聘广告：一家很小的电视台招聘一名预报天气的女主持人。只要跟电视有关的职业，干什么都行！她抓住这个工作机会，在那里工作了两年，最后在洛杉矶的电视台找到了一份工作。又过了5年，她终于得到晋升，成为她梦想已久的节目主持人。//

行动和努力是成就梦想的唯一条件。有人说："平庸而碌碌无为的人可怜，才华横溢却一事无成的人可悲。"所以，不要总是想法很多而不去行动。人生的理想没有那么容易实现，你需要的是坚持不懈的努力和行动。成功开始于你的想法，圆梦取决于你的行动，一千次幻想不如一个实际行动管用。积极的人生应该勇于行动，而不是沉浸在幻想之处无力自拔。

在一个富丽堂皇的礼堂里，世界顶级励志大师杰克·坎菲尔德在进行他的演讲活动，他手里拿着100美元，对台下的人说："我这里有100美元，谁想得到它？"

这时候，台下所有人都举起了手，但杰克坐在那里，仍然举着那张100美元，又一次问："有谁真的想得到这100美元吗？"此时，有人离开了座位，来到了杰克跟前，等着杰克把这100美元递到他手里。可是，杰克还是没有动。终于，另一个人走了上来，从杰克手里接了这张100美元。

这时，杰克对台下的所有人说："他刚才的所作所为，和你

们有什么区别呢？答案就是，他离开了座位，采取了行动。" ╱

　　凡事只想不做，终将一无所获。只有行动才能缩短你与目标之间的距离。身体力行永远胜过浮想联翩。机会是在行动中被创造出来的，坐等机会的人，将永远被机会抛弃。

第三章

你的任性，必须
配得上你的本事

这个世界上没有无缘无故的任性，所有的自由都需要代价去交换，所有的任性都需要才华和底气去支撑。《易经》中说："德不配位，必有灾殃。"当我们的能力配不上我们的所得时，请收起你的任性，只有你的本事能撑起你的任性时，你的任性才叫"洒脱"，你的放肆才能被看作是浑然天成。

别把任性当个性

英国著名哲学家普德曼说："播种一个行动，你会收获一个习惯；播种一个习惯，你会收获一种个性；播种一种个性，你会收获一个命运。"//

时代在变，潮流也在变，现如今，"追求个性的张扬"成为社会主要潮流之一。有个性自然不是什么坏事，但是很多人盲目地追求"放荡不羁""桀骜不驯"，并认为自己才华横溢，有任性的资本。殊不知自认为自己无罪，不加约束地拿无知去张扬，最后出糗的还是自己。在《有话好好说》这部影片中，李保田说过这样一句深刻的话："年轻人，别拿无知当个性。"在老一辈看来，年轻人躁动、不安、不读书、好冲动，需要教育；在年轻一辈看来，上一辈已经是"过去式"了，时代是属于他们的，爱咋咋地。

被称为中国网坛"一姐"的网球运动员李娜，是一位性格较为直爽的人，她的言论，一度成为网友们争论的话题。2013年5月31日，在法网的赛后新闻发布会上，有记者问李娜："这是你参加法网以来最差的战绩，能否对中国球迷说点什么？"她抛出惊人言论："我需要对他们说什么吗？我觉得很奇怪，只是输了一场比赛而已。三叩九拜吗？向他们道歉吗？"这几句话传出去后在国内引发轩然大波。自此这位中国记者，可算是得罪中国网坛"一姐"了，几乎就是怎么看他都不顺眼了。

2013年6月30日，温网第三轮，赛后有外国记者问："对在电视机前坚守的球迷们，你想说些什么？"李娜停顿了好几秒，说了一句："感谢球迷。"随后，接受中国媒体采访，谈及法网向自己提问的中国记者时，她说："他还有脸坐那儿？"

2013年7月1日深夜，在闯入温网八强之后，李娜接受中国媒体群访时再出惊人之语，谈及法网"冒犯"她的那位中国记者时，李娜说："今天居然看见那个人了，他还有脸坐那儿，我觉得这是最神奇的地方。"那位可怜的记者，瞬间成了李娜开炮的"炮灰"。

李娜退役后在大学主修新闻专业，作为"同行"，她还曾批评某些媒体"不是人"："最起码我不用在乎一些媒体朋友的误写，其实我也是学新闻的，他们这样做，给我的感觉就不是人。不管成绩好坏，自己一直在努力，不能说因为输了一场球就没有信心吧？目标是自己奋斗的一个方向，总比某些人没目标好吧？"

回顾李娜的语录，从北京奥运会针对观众的"闭嘴"，到法网针对球迷的"三叩九拜"，再到温网针对记者的"他还有脸来"甚至"不是人"。李娜的惊人之语似乎更倾向于伤人。大家都知道李娜的个性，无论是当年代表国家队，还是后来"单飞"，正如很多媒体说的那样"李娜说话向来有料"，只是这"料"，如今听来，越来越刺耳。//

在李娜的概念里，打球比赛只是私事，无关他人。球迷喜爱她真性情、有个性，但作为公众人物的李娜不能忽略混淆任性和个性。划分个性同任性的重要标准就是尊重。作为一个走在舆论风口浪尖的公众人物，在面对公众和媒体时，忽视了尊重，这种"个性"则不是魅力所在。作为公众人物，她具有一定的引导性。有个性，也要有底线。

俗语说："木秀于林，风必摧之；堆出于岸，流必湍之；行高于人，众必非之。"当一棵树高于其他树木，它很容易被风吹折。同理，一个表现过于出众的人，必定会被人打压和排挤。做人如果自命不凡、行事高调，那么往往很容易遭到别人的攻击，越是高姿态的人就越容易成为别人攻击的目标和对象。

不要把任性当个性，太任性会让你处处树敌。有时候任性在某种意义上说明你实力不够，太过自卑，所以凡事都很在意，很爱较真。如果你总是不认清形势，不认清自己，刻意表现自己，很容易引起别人的反感。任性的人有时会口无遮拦，古人云："病从口入，祸从口出。"一句话可以把人说笑，也可以把人说跳。因此，说话之前一定要三思而行，切忌太任性。

有人说："生活就像踩高跷一样，当你站得越高，反而越是危险，而当你站得越低时，能够更加稳定安心。"生活不许你任性，太放纵自己就是加速毁灭自己。个性并非任性，不要纵容自己的我行我素、嚣张跋扈。生活在这个人人都想我行我素的时代里，并不是哪里都是你的主场，我们需要放低自己的姿态，需要隐藏自己的锋芒。只有低调、内敛的人才能够在无形中去创造最多的机会。

所有的怀才不遇，都是怀才不足

国学实践应用专家翟鸿燊说："怀才和怀孕是一样的，只要有了，早晚会被看出来。有人怀才不遇，是因为怀得还不够大。"

现实生活中，很多人都比较浮躁，工作换来换去，总是高不成、低不就；向往成功，但是面对现实又不知何去何从；做事总是有始无终，总觉得自己怀才不遇，却坚决不承认自己怀才不足。才华于每个人而言或多或少都会有一点，关键是你能不能在现有的才华上，再增加一些，让自己才华横溢。

得不到上司的重用时，感觉上司没长眼，看不到你的优点；参加征文比赛没有获奖时，感觉评委没有水平，读不出你的文采。你有没有想过你是真的怀才不遇，还是你所谓的才华真的算不得什么才华？

影视演员黄渤，他的长相并不符合大多数人的审美。有人说他的颜值只是鹿晗的千分之一，是胡歌的两百五十分之一。黄渤走向成功的路也并不平坦，他的人生经历比较丰富。可能大多数人不知道，他竟然是歌手出身的。他在歌坛打拼多年，同门师兄妹都火得不得了，只有他还在夜场卖唱，不断给唱片公司投寄歌曲小样，但没一家公司给他回应。

偶然的机会，黄渤出演了《上车，走吧》这部电影。电影上映后，不仅导演，就连黄渤自己都吓坏了，原来他竟然这么会演戏。此后他投身于沸腾的影视圈，迅速成为了"五十亿帝"。

机会是留给有准备的人，黄渤之所以能成功，不是机会去找他，而是由于他为此已做好了充分的准备，他确实有这方面的才能，机会是在他提升自己才能的途中等着他的。千万别把小圈子里获得的成就作为自己拥有才华的证明，也许小圈子里的"广泛认同"和仅限于朋友之间的吹捧，才造成了你"出类拔萃"的错觉。

井底之蛙不知道井外还有更大的世界，所以就不懂得如何正确摆放自己的位置。如果你总觉得自己怀才不遇，怪罪外界没给你足够的认可和机会，你就丧失了继续攀登和重新审视自己能力的机会。

有一次，有记者采访演员张译："十年的龙套生涯对你有什么影响？"他说："也焦虑痛苦过，但我没有别的路可以走啊，我自己就只擅长干这个。如果说有什么影响，大概就是冷眼旁观，静静学习积累，然后一直对自己说'千万别给我机会，只要给我一个机会，我会以千百倍的力气扑上去，牢牢抓住。'"而张译终于碰到了这样的机会。

电视剧《士兵突击》里班长史今的角色，被张译牢牢把握住了，从此一炮而红。他说："早就知道自己当演员的才华不在于颜值和天赋，而在于多年积累打磨的演技和对角色的理解。前者是有

保鲜期的，后者则是需要自己不断努力提升的。"∥

有人说：世上根本没有怀才不遇这回事，你不成功，只是因为你的能力还不够！所谓的怀才不遇隐藏着两种意思：一种是我真的很有才；另一种是，不是我能力不够，是这个世界辜负了我。当我们的能力不足以掌控一份工作时，内心才会有压力；当我们无法尽善尽美地做好一件事时，内心才会有排斥。这并非我们怀才不遇，而是我们的能力不够。

所以，当一个人在说自己怀才不遇时，其实他的意思是在说：我虽然失败了，但责任不在我。真正怀着才华的人，一旦遭遇挫折，他会从自身找问题，他可能会试试其他方法与路径。你努力了那么久，但凡有点才能，也应该能显露出迹象，所以，你的失败，只是你的努力不够，你的才识不够。

很多时候，由于人高估了自己的才能，常常陷入迷茫之中。比如那些看不起或者无视小进步的人，和那些高估自己才能的人就容易感到迷茫。人一定要对自己有恰当的评价，认真地发现自己的不足，然后不断地提升自己的能力，让自己真正变得怀才，才不会感到迷茫。

莫言说："当你的才华还撑不起你的野心的时候，就应该静下心来学习；当你的能力还驾驭不了你的目标时，就应该沉下心来历练。梦想不是浮躁，而是沉淀和积累，只有拼出来的美丽，没有等出来的辉煌，机会永远是留给最渴望的那个人，学会与内心深处的你对话，问问自己，想要怎样的人生，静心学习，耐心沉淀。"

所以，当你受到挫败时，不要总是用"怀才不遇"为自己找理由。不是机遇不多，而是你的能力不够，不是没有给你提供大展拳脚的平台，而是因为你没有这方面的才能，你缺少的是不断提升自己的能力。当你的能力达到了，让自己变得无可替代，你的价值自然会彰显出来。只有让自己真正的怀才，机会才会不期而遇。

这个世界不公平，但是合理

歌手薛之谦说："小时候会觉得世界很不公平，后来我发现这个世界就是不公平，但是不公平是件好事，他会让你努力变得更优秀。"

这个世界不公平，但很合理，它的合理之处在于：没有关闭你努力的大门。想要改变这种不公平，就看你是否愿意走进那扇大门。

主持人马东接受《南方周末》专访时说："每个人都是自己的经历叠加到一块儿，成了今天的自己。这世界虽然不公平，也许你努力一辈子都赶不上某些人，但这段努力奋斗的过程却是你生命中最难忘的经历。"这个世界是不公平的，你抱怨不抱怨都一样，关键是你为这个不公平做了些什么？倒霉不是失败的原因，摔倒绝不是趴在地上的理由。在很多人抱怨这个世界不公平的同时，依然有很多人越过这种种障碍成就了自己。那些把希望完全寄托于规则和公平的人，常常只会延误时机而丢失原本属于自己的机会。

其实，这个世界有一点是公平的，那就是它在某些地方对每个人都不公平。在这个不公平的世界，你不仅要输得起，也要赢得漂亮。既然这个世界到处都是不公平，那么你应该用你的方式去影响世界，让这个世界变得相对公平些。

美国著名节目主持人莎莉·拉斐尔。她的职业生涯中曾遭遇过18次辞退。她的主持风格曾被人贬得一文不值。起初，她想到美国大陆无线电台工作。但是，电台负责人因为她的性别拒绝了她。

后来，她来到波多黎各，希望自己能碰个好运。为了熟练掌握当地语言，她花了3年时间。那段时间，她最重要的一次采访仅是一家通讯社委托她到多米尼加共和国去采访暴乱，连采访的差旅费都是她自己出的。在以后的几年里，她不停地工作，不停地被人辞退，有些电台甚至指责她根本不懂什么叫主持。

1981年，她被纽约一家电台辞退，理由是：她跟不上这个时代。为此，她失业了一年多。莎莉·拉斐尔说："那段时间，平均每一年半，我就被人辞退一次，有些时候，我认为这辈子完了。但我相信，上帝只掌握了我的一半，我越努力，我手中掌握的这一半就越大，我相信终有一天，我会赢了命运。"

有一次，她向一位国家广播公司的职员推销她的倾谈节目策划，得到该职员的首肯，但那个人后来离开了广播公司。她再向另外一位职员推销她的策划，但这位职员声称对此不感兴趣。她找到第三位职员，此人虽然同意接收她，却不同意搞倾谈节目，而是让她搞一个政治主题节目。她对政治一窍不通，于是她开始"恶补"政治知识。

1982年夏天，莎莉主持的政治主题节目开播了，凭借娴熟的主持技巧和平易近人的风格，吸引了大量听众打电话进来讨论国家的政治活动，包括总统候选人。这在美国的电台史上是史无前例的。她几乎在一夜之间成名，她的节目成为全美最受欢迎的政治类节目。

现在莎莉是美国一家自办电视台的节目主持人，曾经两度获全美主持人大奖，每天有800万观众收看她主持的节目。在美国传媒界，她就是一颗耀眼的钻石，无论到哪家电视台、电台，都会带来巨额的收益。

赢过命运并不难，无论何时，你都要坚信：你弱它就强，你强它就弱。命运不会亏欠谁，谁的头顶都有一片蓝天，谁的心中都有一片花海。只有春绿秋黄，你才能感受到自然的交替；只有晴雨交错，你才能领略外界的莫测变幻。痛是一种钙，能让我们长久地挺立；苦是一味药，能让我们顽强地支撑。如果觉得命运不公，那是因为心狭隘了，你想得窄，前方的路必然也会窄。

这个世界真的不公平，大多数人都认同这一观点。这种不公平会从你出生开始就伴你左右。但是，它虽然不公平，却并没有放任你不管，它为你敞开努力的大门，就看你是否愿意忍受那份艰辛。一旦你坚持到成功，你就是别人眼中不公平的对比。

其实，人们心中期待的公平，无非是想让这个世界苛待所有的人而独独厚待自己。人们口中抱怨的不公平，无非是羡慕别人的出身，羡慕别人的成绩，羡慕别人的工作……但是，无论你如何抱怨，它就是一个既定事实，你的抱怨对现实而言根本毫无意义。

因此，不要总想着用最少的努力把自己挪到别人的位置上去。不是这个世界后退了，你就可以拔得头筹，哪有人的成功是来自于别人的失败的。即使别人的世界真的垮塌了，滚下来的砖瓦也不一定能砌你家的墙。与其去幻想着一种不可能的人生，不如去努力塑造自己的人生。

请记住，这个世界不公平，但合理。没有谁能不劳而获，也没有一蹴而就的成功，所有的辉煌都是需要努力的。世界给了你不公平的生活，却并没有关上你奋斗的大门。得失之间，永远都是平衡的，一切就是如此合理。

决定你上限的不是能力，而是格局

你的能力决定你能得到什么，而你的格局却会决定你最终能走到哪里。决定你上限的不是能力，而是格局。∥

有句话说："你的能力决定你能得到什么，而你的格局，却会决定你最终能走到哪里。"

说到这里，就有必要谈谈"格局"这一词了，它太大又太虚，包含着人品、道德、战略眼光、生活习惯等诸多方面的内容。而经过实践的人，给了它一个范围相对较小的定义：格局等于体面。因为在现实生活中，重要的不仅仅是智力、能力、水平，而是一个词：体面。做一个体面的人，在任何场合下，守得住底线和尊严，漂亮地解决问题，就是格局的体现。

谷歌在创办初期有一条不成文的行为准则："DON'T BE EVIL"（不作恶），这一准则一直引领谷歌发展至今。在谷歌和微软的 IE 浏览器竞争到了白热化的阶段时，谷歌有高管提议说："不如买下提供搜索技术的 INKTOMI 公司，然后将其服务关闭，谷歌就可以轻而易举地垄断整个搜索市场。"而谷歌的创始人佩林坚决否定了这一提议。

著名搜索专家吴军在《浪潮之巅》一书中曾记载了佩林对这一事件的回应：

佩林说："我们身在硅谷，深知硅谷公司深受垄断导致的恶意竞争之苦，他们对谷歌的发展寄予厚望，希望通过和我们合作来反抗垄断，如果我们采用这种做法，虽然合法，但是用恶意收购的手段来清除对手，将令整个硅谷失望。"

后来雅虎将 INKTOMI 买走，成了谷歌在搜索领域的对手，他们没有做损人利己的事。而谷歌的君子气概，也得到了丰硕的回报，当它推出了自己的软件下载包时，包括 ADOBE 和 SYMANTEC 很多家知名软件公司都非常配合。在微软既成的垄断优势下，即使谷歌有全世界最好的工程师，但是如果它没有商业合作伙伴，也很难用如此快的速度打下自己的一片江山。

单打独斗时或许可以靠能力取胜，但到了一定程度，光靠能力就没有办法解决问题了。无论是个人还是公司，在重重困难中，能否守住自己的原则，能否妥善地解决问题，体面地维持与他人的关系，体面地推销，体面地告别一场恶性竞争，其收益不仅仅在于姿势好看，更重要的是体面背后的价值观，这就是格局之所在。

守住底线，尊重自己也尊重他人，坦诚地表达意见，任何时候，不让自己成为别人的麻烦，更不要刻意地给别人制造麻烦。正如电影《一代宗师》中所说："见自己，见天地，见众生。"人不能只为了自己而活，决定你人生上限的，不是能力，而是做人做事的格局。你奋斗目标的层次不同，获得回报的档次自然会有差异。一个人的格局往往能决定这个人一生的走向。

在《非你莫属》节目中，有一期的嘉宾是一位连续3年获得销售冠军的人，自信、开朗、热情，面对几位BOSS的提问也能对答如流，主持人涂磊问他："你觉得在你的经历中，最能说明你销售能力的是哪一件事？"他想了想说："我在一家情商培训机构做销售，成功地说服了一位月薪两千的环卫工为自己五岁的儿子报了价值五千多的课程。"

他沾沾自喜地将这个引以为豪的例子重复了好几遍："我这个人讲话就会让人感觉很真诚。"他在现场展示的推销能力很好，可在第一轮选择环节，在座的12位BOSS没有一个人为他留灯。他颇为疑惑。其中有一位BOSS用这样几句话为他答疑："我们不怀疑你的能力，但不看好你的人品。越是处在社会底层的人，越无力鉴别信息的真伪和含金量，他们或许不富裕，但很好骗，只要给他们一线希望，告诉他们有可能培养出一个人中之龙，他们就会迫不及待地将辛苦攒下的积蓄交到你手里。"//

不择手段地将不合适的课程推荐给明显没有能力负担的人，并且将这件事作为战绩来炫耀，一个没有同情心和底线的人，或许能拿到销售冠军，但很难成为优秀的销售经理。想要成功，只有能力是远远不够的，还需要你的格局。无论是面对工作还是生活，即使你会失去很好的机会，也一定要守住底线和尊严，或许它不会为你带来什么好处，但至少不会让你的良心受到煎熬。

世界上没有不委屈的事情，有格局的人，会把委屈当作人生的必修课，负重前行。每个人活着都会经历痛苦，挺不过的，便在痛苦里死去，挺过去的，便涅槃重生。

何权峰在《格局》中说："不管是侮辱、批评、攻击，或是得失、成败，对一个心胸开阔、有大器量的人来说，他的内心就像一个大湖，你丢进去一根火把，它很快会熄灭；你丢进去一包盐，它很快会被稀释。反过来，如果你把一大把盐倒入一杯水中，这杯水还能下咽吗？"为什么有些人遇到一点小问题、小困难，就那么容易生气、挫败、难以消受？那是由于他不知道格局为何物。

《孙子兵法》里的一句话："求其上，得其中；求其中，得其下；求其下，必败。"即便我们的自身条件比较差，但我们的格局不能小。守住底线，先把目标定高，结果一定不会太差。因为，决定你能站多高、走多远的，不是你的能力，而是格局。

愿你在平凡的生活中，努力并谦卑

法国作家拉罗什富科说："谦卑往往只不过是一种表面上的依顺，是骄傲的一种艺术；它贬低自己是为了抬高自己。"／

有人认为人活着就像一颗小草一样，吸收着阳光雨露，但永远都长不大。人们可以踩过它，也可以铲除它，人们不会因为它的痛苦而产生怜悯，因为人们本身就忽视它的存在。也有人认为人活着就像一颗树一样，起初仅仅是颗种子，被人踩到泥土中间，但它依然能吸收泥土的养分，自己成长起来。也许两三年它长不大，但是八年、十年，一定能长成参天大树。其实人活着比小草和树要幸运得多，因为人对自己的生活有选择的余地。

没有谁是含着金钥匙出生的，我们每个人的生活都很平凡，然而在这平凡的生活里是像小草一样生活，还是像大树一样生活，是需要自己选择的。

不是俊男，也称不上帅哥的演员王宝强，出生于河北省南和县大会塔村一户普通农民家庭，没有进大学或学院学习过表演，他能走到今天，不是因为他的运气好。娱乐圈是个名利场，有多少人削尖了脑袋往里钻，有多少演员为了出名，以制造各种八卦新闻博出位，吸引大众目光，但是王宝强不是靠这些成功和出名的。

16岁时，王宝强被导演李扬挑中，主演独立电影《盲井》，这部电影让他一夜之间从武行变成金马奖最佳新人。但是，在拍《盲井》时，由于一些人为的原因，他们被迫停止拍摄，不少演员和工作人员也离开了剧组，甚至连女主角也不辞而别，但是王宝强没有走，他坚持拍完了这部影片。

为了真实，他们冒着塌方和瓦斯爆炸的危险，在300多米深的井下拍摄30多个小时，在冰天雪地里，王宝强发着高烧继续拍摄。他的努力、他的汗水，他的"坚持"使他获得了成功。在各类影视作品中，他的"傻"，他的"憨"，他质朴的笑，赢得了观众的喜爱。他的努力奋斗获得了应有的回报。王宝强获奖后没有过河拆桥，没有恩将仇报，仍然保持着他质朴的一面。这恐怕也是他能获得成功的一个重要原因吧。

即使你的生活再平凡，也请保持谦卑和努力，你的每一分付出都不会白费，得到回报只是时间早晚问题。在平凡的生活中，浮躁和不努力就想成功的人比比皆是。但是这世界没有一蹴而就的成功。在平凡的生活中，我们需要摆正心态，以一种正确的拼搏方式努力向前。

日本近代著名剑客宫本武藏，有一个徒弟叫柳生。在宫本武藏授业第一天，柳生就问："师傅，您觉得以我的资质练多久可以成为像您这样的一流剑客？"宫本答："至少十年。"柳生觉得十年太久，又问："如果我加倍努力呢？"宫本答："那就要二十年。"柳生有点茫然，以为自己的努力不够，又问："如果我夜以继日一刻不停地苦练呢？"宫本说："如果这样的话，你就没希望了！"

柳生愈发茫然。宫本语重心长地说："如果只知道盯着前面的目标，以一颗浮躁之心埋头苦练，不认清自身短长，并加以调整，那就永远成不了好剑客。你要想成功，就必须静心留只眼睛看自己，剑术之道如此，人生之路也是如此。"

生活中许多人不成功的重要原因之一就是没有静心进行深刻的自我认识，保持清醒的头脑，安静内心，发挥自己的优势和长处，克服弱点和毛病，做到"知步不捷而早行，知翼不健而先飞"。所以，我们需要抱着谦卑的态度不断地努力，让自己平凡的生活变得不平凡。

要想在平凡的生活中活出一个伟大的人生，就需要有一个谦卑的态度和努力向前的拼搏精神。为人处世的最佳状态是谦虚谨慎、不卑不亢、奋发向上。做努力爬的蜗牛或坚持飞的笨鸟，总有一天，你会站在最亮的地方，活成自己曾经渴望的模样。

你足够强大，这个世界才足够公平

　　柳传志曾说过这样一段话："这个世界就是这么不公平。你做的只是好一点，别人是不认的。你必须做成一只鸵鸟，比那只鸡大得多的鸵鸟，到那个时候，所有人才会说你好。如果你觉得世界不公平，可能本质上还是你不够强大，你还没有做得足够好。"／

　　现实生活中，很多人都活在限制自己思维的墙里，而这堵墙很大一部分是内心的不安全感。很多人讨厌心灵鸡汤，觉得鸡汤食之无味，营养少得可怜。当然不得不承认，成功学的书不一定是成功者写出来的，和你一样失败却善于总结失败经验教训的人，能和你分享失败，一起畅谈如何成功，并没有什么不好，至少在成功学的图书中，你能看到作者的思考，哪怕这种思考仅仅能激起你少得可怜的动力。

　　每个人心里都在追逐安全感，无形中都成为安全感的奴隶。其实说起来无非是害怕改变，想要维持现状。每个人都把自己安置在"受害者"的角度上，觉得这个世界不安全，充满着不公平，实际上不就是简单的推卸责任、保持面子吗？职场中，有多少人不努力工作，也可以心安理得，还觉得这个公司太烂了，这个老板太变态了，太不理解我了，所以我这样应付工作也是理所当然。当工作没有明显业绩、得不到晋升，即将被扫地出门时，心里反复回想的不是自己当初的应付，而是咒骂并四处抱怨：这个世界太不公平，我为公司浪费了这么宝贵的时间，它对得起我吗？

事实上，这个世界根本就没有让人舒服得一塌糊涂的环境，你必须自己不断地变强大，去勇敢地面对这个世界。体面富有的生活谁都想要，但又不愿去拼搏，觉得那太辛苦了；强健的体魄人人都向往，但又不愿意去运动，觉得太累了。人人都抱怨世界的不公，却不愿付出努力去改变现状。一个人最大的失败，是对不起自己！既然你都不能对自己负责，又有什么理由去抱怨这个世界对你不公呢？

　　在一次电话采访中，一个记者问李连杰这样一个问题："这些年来你的演艺生涯一帆风顺，你是怎么做到的呢？"李连杰回答说："首先，我从来不是一帆风顺，我在朋友中有个外号，叫'死过一百次的生还者'。"

　　李连杰很小的时候，他父亲就过世了，家境实在太差，只好加入武术队，靠每个月微薄的补贴养活全家。从 11 岁开始，他连续 5 次拿到全国武术比赛冠军，18 岁拍《少林寺》一夜成名，但第二年他就摔断了腿，差点成为废人。好不容易等到《黄飞鸿》系列电影大卖，他的经纪人又遭黑道枪杀，事业再次陷入低谷……

　　2004 年印度尼西亚海啸时，他差点妻离子散，命丧异地。他说："当洪水就在你眼前肆虐时，那种内心的惊恐与不舍，又有多少人面对过呢？"

　　李连杰回答那个记者说："问这个问题的人估计从来都只是

在电影中了解我，觉得我就是电影中那些硬汉，身怀绝技，从精神到肉体都是天生的强大。事实上，我只是一个有血有肉的普通人，甚至，我比很多人还脆弱，有一段时间，我天天想着出家当和尚。但是，少林寺的一位高僧却不同意我这样做，因为出家并不能从根本上解决问题，佛家还讲究入世修行呢！后来，我去好莱坞发展时，他要我记住一句话，'一切困难都是为了帮自己变得更强大！'"

他认为高僧的话不像是什么祝福。果然，到了好莱坞，他的发展并不顺利，虽然台湾老板杨登魁花了上亿元帮他打造形象、创造机会，但傲慢的好莱坞并不肯接纳身高不到170CM的李连杰。一次在片场，导演甚至把剧本摔到他脸上，冷冷地问他："你是不是不懂英文，所以剧本没看懂？"

那个晚上，他打电话给那位高僧。高僧对他说："这些年你吃了不少苦头，但回过头来想一想，是现在的你强大，还是过去的你强大？"听了高僧的话，他回首了自己这半生的经历。的确，过去那些困难现在看起来都不值一提了，可当时，又何尝不是逼得自己无路可逃？

他说："可见，困难的确在让我变得强大，至少，让我的承受能力越来越强。从那以后，我不再惧怕任何困境，对困境甚至抱着一种'欢迎'的态度。朋友都说我疯魔了，但我心里知道，这不过是在困难中修炼自己。"∥

所以，别再抱怨这个世界不公平了，只有你越强大，这个世界才会越温柔。《少有人走的路》中有这样几句话："人生苦难重重。这是个伟大的真理，是世界上最伟大的真理之一。它的伟大之处在于，我们一旦想通了它，就能实现人生的超越。只要我们知道人生是艰难的，只要我们真正理解并接受这一点，那么我们就再也不会对人生苦难耿耿于怀了。"

　　这个世界确实存在很多的不公平，即使如此也千万不要被愤怒蒙蔽了双眼，很多时候，别人的努力你未必看得见。电影《终极斗士3》的主人公是一名格斗士，在腿断了的情况下，为了生存，还在坚持打拳。当他的伙伴向他抱怨不公平，以消极的态度面对困境时，他说："这里本来就不公平，我们首先应该考虑的是生存问题。"他拼尽全力让自己强大，他说："我终其一生都在训练，就是为了证明，我是这个世界上最好的格斗士。"

总做出错误的选择，因为你实力不够

　　法国作家法朗士说："社会建筑在实力上头，所以实力便应当被看作是社会庄严的基础，受到人的尊敬。"╱

　　当你经常抱怨为什么升职的不是你，抱怨为什么那份荣誉不属于你的时候，你有没有想过你的实力是否配得上那个职务，你有没有获得那份荣誉的本事。要知道，世间所有的竞争，最后拼的都是你的实力。如果你有足够的实力，一切都皆有可能。

　　何谓"实力"？就是指实在的力量。一个人的实力包含诸多方面内容：除了要有足够的知识储备、坚强的毅力，还要有敢于拼搏的精神等。所以，要想在人生的旅途中少走弯路，就要做出正确的抉择，用行动来证明自己的实力。如果你总是做出错误的选择，那是因为你还没有足够的知识储备，没有坚定的信心，也说明你的实力还远远不够。可见实力对一个人的重要性。

　　闫丽是个勤奋好学的大四女孩，成绩向来名列前茅。大学毕业后，她和同学一起去参加一个面试。面试前，大家都觉得那个岗位简直是为她量身定制的。可是，她并没有通过面试。

　　大家都为闫丽感到可惜，纷纷为她打抱不平："有内幕吗？是不是内定的？"闫丽却说："有内幕也好，内定也好，我输了就是输了。说到底，那公司没有选我，不是因为别人太优秀，而是因为我实力不够。"／

　　闫丽说得没错，因为她实力不够，所以才会落选。如果你是强者就不会为失败找各种借口，因为你可以用足够的实力来证明自己。如果你失败了，不愿意去承认，而总是从别人身上找原因，毫无道理地埋怨别人太强，妨碍了自己，抱有那种思想的人，注定会失败。唯有努力提升自己的实力，只要机会来临，你不会因为自己的"无才"而错失良机。

　　人生在世，只有那些实力超群的人才会被称为"人才"。马云、马化腾等人为什么能成功，只因为他们恰到好处地站在了时代的风口浪尖。为什么他们能恰到好处地把握时机，是因为他们长期的关注和积累，才做到了"知己知彼，百战不殆"。他们之所以成功，靠的并不是运气，而是实力，是足够的实力允许他们成功的。每个人都希望在自己人生的舞台上铸造辉煌，实现自己的人生价值。然而，想让自己的人生大放异彩，就必须拥有真正的实力，唯有实力才是通往成功的跳板。

　　在 2008 年的北京奥运会上，被称为"飞鱼"的美国游泳健将菲尔普斯在水立方圆了他的 8 金之梦，拿到了男子 200 米自由泳、100 米蝶泳、200 米蝶泳、100 米个人混合泳、200 米个人自由泳、4100 米自由泳接力、4200 米自由泳接力等项目共 8 枚金牌，打破了 7 项世界纪录，打破了美国老将马克·施皮茨创造的在一届奥运会上豪取 7 金的辉煌历史。

菲尔普斯曾说:"我认为一切皆有可能。我为自己确立了更高的目标,我也会很努力地练习以实现这个目标。"最终,他实现的他的目标,国际奥委会也为这名年轻的王者颁发了"泳坛荣誉勋章"。∥

当我们看到菲尔普斯的荣耀时,也应该清楚他在背后付出的努力。是实力,让他的成功没有悬念。

时下,人们把"实力派"和"偶像派"作为区分演员能力的一种标尺。不难看出,"偶像派"只不过是短暂的流星,随着时间的流逝会逐渐淡出人们的视野,"实力派"才真正会被观众所铭记。英国歌手苏姗·波伊尔,没有美丽的容貌与身姿,但有着天籁般的声音,当她登上舞台时并不被看好,她却用自己过硬的唱功让所有人瞠目结舌,而后一夜成名。这足以说明:只有实力才是实现自己人生价值的杠杆。想要真正的成功,就要凭借自己的实力。所以,很多"偶像派"演员也在不断地提升自己的演技,以此铸造自己的价值。他们知道,只要拥有实力,就拥有了逐梦的翅膀。

漫漫人生,路或许还很远,我们要用实力去斩断荆棘,只有这样才能看到重重阻隔后璀璨的风光。生活中,你可以通过实力,为社会创造财富,为他人创造价值,并赢得人们的认可。相反,如果你自身实力不济,总是做出错误的决定,还奢求周遭的人给予自己足够多的认可与关注,这必然是痴心妄想。每个人都因为有实力,才会取得成功,实力就是自身的价值,自身有了价值才能去创造财富。

第四章

生活不是用来妥协的，
明白请趁早

生活不是用来妥协的，你退缩得越多，能让你
喘息的空间就越有限；日子不是用来将就的，
你表现得越卑微，幸福就会离你越远。你要接
受这世上总有突如其来的失去，洒了的牛奶，
遗失的钱包，分手的爱人，断掉的友情。当
你做什么都于事无补时，唯一能做的，就是
努力让自己好过一点。妥协是弱者的挡箭牌。
人生最遗憾的莫过于，轻易地放弃了不该放
弃的，固执地坚持了不该坚持的。明白请趁
早。//

要么拼，要么滚回你的"安乐窝"

著名企业家杨石头在职场真人秀节目《职来职往》中曾说："拼搏到无能为力，坚持到感动自己。"//

在这个物欲横流的世界，想要舒坦地生活，实在是一件苦差事。因为这个世界不容许任何人享受"安乐"。想要在这个残酷的世界上生存，除了拼，别无他法。人们常说"拼了不一定会赢，但是不拼就肯定不会赢"，这的确是一个真理。有些人会买一张彩票中五百万，但是你不可能就靠这样的幻想活着，必须拼，哪怕不是为了赢，只是为了自己能在迟暮之年回忆过往时不会感到遗憾。

有人说："命运是个极其蹩脚的编剧，因为他编写的人生除了'拼搏'就只有'死'。"它不给你享受安乐的时间，更不会轻易给你编造一个"安乐窝"。每个人都幻想着成功，但往往忽略了成功的主要因素——拼搏。越拼搏，越幸运。当你觉得生活举步维艰，人生道路坎坷时，其实你只是欠缺了一份坚持、一份努力和一份敢于拼搏的勇气。

跳水名将伏明霞的运动生涯一直伴随着大大小小的各种伤病。但是，顽强的拼搏精神驱使着她，坚强的斗志激励着她，她时常带伤训练，忍痛坚持，正是因为有了这种拼搏精神，才促使她取得成功。由此可见，拼搏精神是一个人成功的主要因素。

每个人的生活方式都不一样，但无论如何，只要你想成功，必须得努力拼搏。成功是美好的，它能给予人优越感、卓越感，生命之灯因热情而点燃，生命之舟因拼搏而前行。有些人一生碌碌无为，并不是因为他们没有辉煌的资本，而是因为他们的头脑中没有闪过拼搏的念头。

现实中，大多数人都在向往"平平淡淡就是福"的生活，但是不努力、不拼搏，又如何让你的人生保持平淡，又何来幸福？人生本身就是竞技场，而生命的意义在于拼搏。有句话说得好："等来的是命运，拼出的才是人生。"人生，只有以一种永远在路上的精神，努力不停，才能到达更加辽阔的远方。

"三分天注定，七分靠打拼，爱拼才会赢。"从古至今，想要取得丰功伟业哪里有不拼搏的，徐霞客坚持不懈，顽强拼搏，不怕危险，一生在外游览四十多年，写成了《徐霞客游记》，为后人留下了宝贵的地理资料；而李时珍、司马迁等人的人生道路上，同样布满了拼搏、奋斗和汗水。所以说，要想成功，还需敢于拼搏、勇于挑战的精神。

对每个人而言，拼搏是一种必须经历的过程，历经了拼搏，面对生活的大起大落你就会变得坦然。在人生的竞赛场上，不要因为怕输就放弃比赛，不要做一个空怀梦想的人。鱼跃龙门尚且有淘汰，更何况成功的争夺赛呢？横亘在脚下的荆棘，只有坚韧有力的脚步才能逾越，这个世界属于敢于拼搏的人。

为自己找"不努力"的理由，是前进道路中的障碍。在你还没开始迈出第一步时，就已经放弃了所有的机会和可能，会把自己堵在一个狭小的空间享受所谓的安乐，最终一事无成。没有任何人、任何事会阻止你前进的脚步，是你对于慵懒的欲望与失败的恐慌打败了你，是你给自己找的"不努力"的理由难住了你。

人生中机遇与挫折同在，要勇于拼搏，不要被一时的困难、失意或挫折吓倒，如果因此而停止不前、畏首畏尾，我们的人生就注定要失败。

不要吝啬你的付出，活着，就要活得痛快，活得淋漓尽致，努力争取自己想要的东西。不要把自己"葬"在安乐窝中，生活就得去拼，拼搏永远是取胜的法宝。只要你抓住希望，努力拼搏，成功就会迎候你。因为爱拼才会赢，肯拼才能赢！

这个世界不会
阻止你自己闪耀

成功的人懂得熬，失败的人只知逃

> 爱迪生说："如果你希望成功，当以恒心为良友，以经验为参谋，以当心为兄弟，以希望为哨兵。"

人生在世，没有一蹴而就的成功，每个成功的人都是一步一步，坚持不懈地熬出来的。成功的人懂得熬，失败的人只会逃。

万通控股董事长冯仑曾说："伟大都是熬出来的。"因为普通人无法承受的委屈你得承受；普通人接受不了的失败与打击你得接受；普通人可以用沮丧来发泄情绪，但你必须得用坚强、勇敢来担当；普通人需要在脆弱的时候有一个肩膀可以依靠，而你就是提供肩膀给别人依靠的人。

生活中，但凡想要成就一番事业的人，都会遇到很多无情的阻力。但是只要付出，只要坚持就会有收获。生命的奖赏在旅途终点，而非起点附近。可能你在踏上成功的路上走了很久却仍然遭到了失败。但唯有坚持，唯有"熬"你才能离成功越来越近。

> 赛尔曾是一名令人羡慕的新闻记者，不仅工作体面，薪资也

很丰厚。可是他却辞去了这一份令无数人羡慕的工作，去做了一名广告业务员。因为他觉得做记者难以体现他的人生价值，广告业务员才具有更大的挑战和机遇，他对自己信心满满，还向经理提出不要薪水，只按自己的业绩抽取佣金，经理当然乐意，便答应他的要求，不管他的业绩如何，公司都不会有损失。

他向经理要来了一份特殊的客户名单，这份名单的特殊之处在于上面都是一些实力雄厚的大企业。这些企业让公司的所有广告业务员都无功而返，他们都认为这些客户根本不可能和他们合作，这份名单一直放在经理那里，无人问津。初入这个行业的赛尔不信这个邪，准备拿下这些客户。

每当赛尔去拜访这些客户前，总是站在一个大镜子前面，默念客户的名称和负责人的名字，接着信心十足地说："一个月之内，我们将有一笔大交易。"他坚定的信心成为他成功的催化剂。仅在第一天，就有三个所谓"不可能"的客户和他签订了合同；随后，又有两个客户同意买他的广告；一个月后，名单上只有一个名字后面是空白。

第二个月，赛尔还在一如既往地拜访新客户，与此同时，他还坚持每天早晨请那个一直拒绝买他广告的客户做广告。虽然每一次这位商人都会面无表情地说："不！"但赛尔从来不放在心里，还是像对待新客户一样继续前去拜访。

很快第二个月过去了，那位连续对赛尔说了六十天"不"的商人终于饶有兴趣地和赛尔攀谈了起来。商人说："你已经在我这里浪费了两个月的时间，事实上我什么也没有给你，我现在想知道是什么让你坚持这样做？"

赛尔说："我怎么会故意到这里来浪费时间呢？到这里来是

为了学习的，你就是我的老师，我从你这里学习如何在逆境中坚持，事实上我们都在坚持。"那位商人点点头，对赛尔的话深表赞同，他说："其实我不得不承认，我也一直在学习，你也是我的老师。我们都学会了如何坚持，对我来说，这比金钱更加宝贵，为了表示我的感激之情，我决定买你一个广告版面，这是我付给你的学费，而不是我放弃坚持。"

就这样，经过赛尔不懈地努力，终于"熬"得了商人的妥协。那份特殊的名单上最后一个"钉子户"被拔除了。当他把划满勾的名单交回给经理时，经理顿时站了起来，向这位杰出的广告业务员表示敬意。他说："以你的能力，不应该继续做一个业务员，所以，我将向社长提议，专门为你成立一个部门。"

第三个月的第一天，公司成立了广告二部，赛尔便是二部的经理，三十多个员工成了赛尔的下属。在这里，赛尔找到了一个最适合自己发展的全新空间。//

懂得"熬"是一种品质，是一种开天辟地、披荆斩棘的品质。苏东坡曾说："古之成大事者，不唯有超世之才，亦必有坚忍不拔之志气。"是的，唯有坚持不懈，持之以恒才能走向成功。法国作家司汤达也说："一个人只要强烈地坚持不懈地追求，他就能达到目的。"如果在胜利前却步，往往只会拥抱失败；如果在困难时坚持，常常会获得成功。

生活中，人们往往最缺乏的就是"熬"的品质，从而与成功擦肩而过。"失败使懦夫沉沦，却使勇士奋起。"对失败者而言，只要逃避，沉沦就是解决问题的根本办法。对成功者而言，只有那些勇于面对挫折，不畏困难，凭坚强的毅力拼搏的人，才能走向成功。你承受得了何种委屈，将决定你能成为何种人！

伏尔泰也说："要在这个世界上获得成功，就必须坚持到底，至死都不能放手。"唯有懂得坚持、懂得'熬'的人才能走向成功。"对于懂得"熬"的人来说，成功从来不神秘莫测，也不艰难坎坷，只需要不断地"再坚持一下"。

毛病是养出来的，不能迁就

心理学家武志红在《好人有毒，但不是坏人恶的根源》这篇文章中说："好人会允许坏人无情地使用自己，守不住自己的界限，这会诱惑坏人，让坏人变得更恶。"

有句话说："都是第一次做人，凭什么要宽容你？"人活着，都有自己的价值，没有谁比谁更金贵一说，不要总是因为迁就别人就委屈自己，这个世界没几个人值得你弯腰。弯腰的时间久了，只会让人习惯于你的低姿态，你的不重要。不要总是迁就别人，那样会把别人惯出毛病来，当然自己有毛病尽量自己改，也别指望别人会迁就你。

李伟是一个为人诚恳、好交朋友的人。他在一家外企工作，有不错的收入，有一次他的朋友张夏陪几个业务上有合作关系的客户吃饭，打电话给李伟让他过去作陪。李伟想着既然是朋友的朋友，吃个饭互相认识一下倒也无妨，所以想都没想就赴约了。

那天张夏点了一大桌的美味佳肴，还开了几瓶洋酒，一桌下来价值不菲。酒足饭饱之后，张夏小声地在李伟耳边说："哥们儿，这顿饭你就帮忙把账给结一下好吧，我身上的钱不够。"

李伟顿时明白了张夏喊他过来吃饭的真正用意，但出于朋友之间的友情，他也只能带着无奈去结账。

事后，张夏拍着李伟的肩膀说："你挣的钱那么多，帮忙结个账没问题吧？"

李伟说："一顿饭钱何足挂齿。"只是不屑于张夏那一副占了便宜还理所当然的嘴脸，他不会再迁就张夏的毛病。出了酒店门，李伟就把张夏的所有联系方式果断删除了。∥

宽容的确是一种美德，但不能作为一种通则。不要用"人情"二字作为你绑架他人的一种筹码。

演员丛飞在生前资助了183个贫困儿童。自从他不幸得了胃癌，中断了资助以后，有家长打电话来责问他："还不把钱送来，我们的书还念不念啊？你这不是坑人吗？"丛飞说自己得胃癌住院了。对方继续追问："那你什么时候才能治好病演出挣钱啊？"

和丛飞有着相同经历的还有从央视《星光大道》走出来的那个号称"大衣哥"的朱之文。朱之文成名后商演不断，赚了不少钱，从一个收入微薄的农民变成了一个高收入的农民歌唱家，虽然成名，但是他却没有忘本，他用赚来的钱为家乡修路，本来是为村里谋福利的善举，结果无礼的村民甚至说，等他修完路，再每家送一万块钱外加一辆小汽车，才会感激他。而此前朝朱之文借过钱的村民甚至扬言："他那么有钱，谁还还他钱！"

太过迁就别人，别人就会变本加厉地为难你；太过忍让别人，别人就会得寸进尺地伤害你。事实上你所遇见的"贱"人，多数都是被你的"好"给惯出来的。现实生活中，有的人被道德绑架，而有的人总是善于钻道德的空子，这样就养出了一些人的毛病，他们占尽他人便宜，过后还理直气壮要求别人让着他，姿态十分难看。而那些被道德绑架的人，想做一个"坚守原则、敢于说'不'"的人，反而更需要勇气。

很多时候，那些被你养成毛病的人会把你的善良和妥协当成是一种懦弱。面对这种状况，不能一味地容忍、一味地迁就，该反击时就得果断反击，该拒绝的时候坚决拒绝。

小赵是公司近期招来的新实习生，人挺老实，脾气也不错。一些老同事依仗着自己在公司里资历深，总喜欢私下给小赵派活儿。

"小赵，帮我把这几张发票贴一下，待会我要报销。""小赵，有个客户过来了，赶紧去接待一下。""小赵，帮我处理一下这张图片，十万火急。""这个周末临时有约，小赵你替我值班吧。"办公室里总能看到小赵忙碌的身影。对于同事们的使唤，小赵从来都是有求必应，绝不会刻意推把。

看着小赵忙得喘不过气来，一个比较正直的同事对他说："帮同事们干活并不是你的本职工作，你完全有拒绝的权利。"

小赵笑了笑说："作为一名职场新人，为了和同事们搞好关系，帮他们做一些力所能及的事情，辛苦一下其实也无所谓的。"

有一次，由于小赵忙于处理同事们交付的事情，把自己的工作给耽误了，还因此丢掉了一个重要客户，在会上遭到老板的训斥。环顾那些让他帮过忙的同事，此刻一概冷脸相向，甚至有人还在背后窃窃私语、落井下石。

自从那次以后，小赵学聪明了，不再轻易答应同事们提出的要求。有同事在遭到拒绝以后，还跟他抱怨："小赵你太不够意思了，

难道同事之间不是应该互相帮忙吗？"∥

人之所以在你身上无止境的获取利益，那是因为你惯出了他们的毛病，你越是容易对他人妥协，他们越是不懂感恩，提出的要求反而一次比一次过分。你宽容了他们，可却压抑了自己的委屈，其实并不值得。你必须知道，无论你是否愿意对他人施予恩惠和帮助，那都是你的自由，他人没有任何理由站在道德层面上指责和要求你。

不是这个世界不温柔，而是你不努力

爱迪生曾说："我从来不做投机取巧的事情。我的发明除了照相术，也没有一项是由于幸运之神的光顾而成功的。一旦我下定决心，知道我应该往哪个方向努力，我就会勇往直前，一遍又一遍地试验，直到产生最终的结果。"所以，想要世界对你变得温柔，你就需要足够努力。∥

你是否经常暗自和别人比较：同样是人，为什么我们之间的差距会如此大？为什么他那么春风得意，而我却穷困潦倒？为什么他一帆风顺，而我却命途多舛？如果是这样，你有没有想过你付出的努力是不是和他的对等，你们的能力是不是相同，不要只看到别人的辉煌，却看不到他们背后付出的努力。大千世界，每个人都需要通过不断地努力，才有能力改变自己的未来。

每个人都想登上泰山之巅"一览众山小"，可登山的路途没有那么平坦，要想登上山顶，需要努力向前，需要一步步拾级而上，纵使面对十八盘的陡峭与险峻，你也不能望而却步。可见，不管你是谁，只有努力向前，才能领略"登泰山而小天下"的宏伟壮观。

在这个世上没有绝望的生活，只有面对生活而绝望的人。也就是说，生活纵然艰辛，但只要努力，就能看到美好的风光。生活，注定不会一帆风顺，每个人在前进的过程中，都会遇到一些困难和挑战。有时你觉得这个世界对你不温柔，让你感到沉重、压抑，甚至连呼吸都变得很困难。然而只要你努力走过绝望，绕过那片沼泽，就会看见前面更加广阔的天地。

"命运总是喜欢和玩不起的人玩，直到把那些玩不起的人彻底打倒为止。你越玩不起，命运就越是找你玩，命运总喜欢让弱者哭笑不得。"所以，想让世界变得温柔，你就必须不懈努力，让自己变成强者。这个世界上没有什么真正的"绝境"，冬天的寒冷会被春天的温暖掩盖，漆黑的夜晚会被朝阳的升起替换。只要你对生活充满激情，通过不懈的努力，那么不管是不幸还是灾难，都会被你脚下延伸出的新道路掩盖。

1914 年诺贝尔生理学和医学奖获得者罗伯特·巴雷尼小时候因病导致残疾，他的母亲尽管心如刀绞，但还是强忍住自己的悲痛。她想，孩子现在最需要的是鼓励和帮助，而不是妈妈的眼泪。她来到巴雷尼的病床前，拉着他的手说："孩子，妈妈相信你是个有志气的人，希望你能用自己的双腿，在人生的道路上勇敢地走下去！好巴雷尼，你能够答应妈妈吗？"

母亲的话，打开了巴雷尼的心扉，他"哇"地一声，扑到母亲怀里大哭起来。

从那以后，妈妈只要一有空，就带巴雷尼练习走路，做体操，常常累得满头大汗。有一次妈妈发高烧了，她还是下床按计划帮助巴雷尼练习走路。黄豆般的汗水从妈妈脸上淌下来，她用干毛巾擦擦，强忍着不适，帮巴雷尼完成了当天的锻炼计划。

体育锻炼弥补了由于残疾给巴雷尼带来的不便。母亲的榜样作用，更是深深教育了巴雷尼，他终于经受住了命运带给他的严酷打击。他努力学习，成绩一直在班上名列前茅。最后，他以优异的成绩考进了维也纳大学医学院。大学毕业后，巴雷尼以全部精力，致力于耳科神经学的研究，最终登上了诺贝尔生理学和医学奖的领奖台。╱

虽然我们不知道这个世界在下一个路口给我们准备了什么，是惊喜，还是灾难。但是一定要把握现在的时光，珍惜眼前的生活，无论将要发生什么，都要努力积极地去面对，这才是最好的人生态度。

这个世界的确不温柔，正因为它的不温柔，才造就了如今不懈努力、勇往直前的你。有时我们会抱怨生活不公平，但要想让它公平，就得拿出万分的努力回击它。努力是成功的通行证，而逃避则是成功的绊脚石。对我们来说，唯有通过努力，去打造属于自己的强者之路，才能完成人生的跨越。

纵使这个世界不温柔，你可以用努力让它对你微笑。人生就是这样，只要你愿意努力，命运就会掌握在你手里。不论你禀赋天成，不论还是资质平庸，只要努力，就可能掌控人生。命运就在我们自己手中，需要我们用心思去创造；幸福就在我们手里，需要我们努力去争取。

你退缩得越多，能让你喘息的空间就越有限

西班牙小说家塞万提斯说："猫儿被赶得走投无路，也会变成狮子。"所以，面对生活你无须退缩，要试图让自己变成一个狮子，争取更多的生活空间。

有人说，生活不是用来妥协的，你退缩得越多，能让你喘息的空间就越有限；日子不是用来将就的，你表现得越卑微，幸福就会离你越远。生活中，无须把自己摆得太低，属于自己的，就要积极地争取；有些事情，不必再三地退缩，只有挺直了腰板，世界给你的回馈才会更多。无论遇到多大的困难与挫折，都不要退缩，不要因为退缩而让自己无法呼吸。

曾经看到这样一段话："人的一生是拼搏的一生。只有敢于拼搏的人，才可能取得成功。在山穷水尽的绝境里，再拼搏一下，也许就能看到柳暗花明；在冰天雪地的严寒中，再拼搏一下，一定会迎来温暖的春风。"无论生活有多苦，千万不能退缩，只有迎难而上，你才能为自己赢得更大的生存空间。

在一个大型剧场里，一个英俊的初出茅庐的杂技演员，要为满场观众表演自己的绝活儿——顶碗。在轻松优雅的乐曲声中，只见他头上顶着高高的一叠金边红花白瓷碗，柔软而又自然地舒展着自己的肢体，做出各种各样令人惊叹的动作。他的表演赢得了观众热烈的掌声。

突然，意想不到的事情发生了：在一个大幅度转身动作中，杂技演员头上的一大叠碗掉了下来。台下的观众都惊呆了，有些观众还吹起了口哨……

台上的他没有慌乱，而是歉疚地微笑着，向观众鞠了一躬后，又一次重新开始了自己的表演。然而，这一次如同上一次一样，碗又掉了下来。这一次，他呆了，脸上也流出了汗珠，有些不知所措。场子里一片喧哗，还有观众大声地喊："不要再来了，演下一个节目吧！"

这时，从后台出来一位老者走到少年面前，对少年低声说了几句话。少年镇静下来，又开始了他的第三次表演。这一次场里很安静，没有一丝声息。这一次，他成功了。//

顶碗少年用行动向人们证明了自己的实力，也证明了他是一个强者。在困难面前不退缩，你就会战胜它。有人说："困难就像是弹簧，你强它就弱，你弱它就强。"所以，在困难面前，我们不能示弱，不能退缩，要做个强者，这样才能战胜一切困难。

蔡奇是一名业务经理，负责整个公司产品的销售工作。每天工作勤勤恳恳，尽职尽责，一心想把工作做好。可事与愿违，随着市场竞争日趋激烈，同类产品不断涌出，公司的经济效益每况愈下，蔡奇顿感"压力山大"，他觉得市场越来越难做了。想起他立下的军令状，感觉喘不过气来。

随着约定出结果的时间慢慢接近，蔡奇越来越感到一种莫名的恐惧，仿佛看到前任经理的昨天就是自己的明天，感到自己力不从心，重压之下，他干脆选择了逃避，竟然三天没上班，手机也关掉，在家什么事情也不做，约朋友出来聊天也显得心事重重。

到了第四天，垂头丧气的蔡奇找到心理医生："现在的我真是累啊，一进公司就感到紧张，以前的那种干劲不知到哪里去了。现在我只想找个安静的地方，静静地睡上一觉，再也不想面对这些烦恼的问题。"╱

为了释放几乎快崩溃的情绪，缓解内心的压力，蔡奇以一种不负责任的方式逃避困难。其实，无论多么难处理的事情，都应该去面对，一味地逃避不是解决问题的办法，最后会让自己焦头烂额。只有去勇敢地面对它，化解它，才能创造更多的生存空间。

在激烈的社会竞争中，每个人都会面临着来自学习、工作、生活等各个方面的压力。面对诸多压力，要勇于面对，如果选择退缩与逃避，虽然可以获得短暂的解脱，但是未完成的事情并不会因为你的退缩就此了结。

这个世界不会
阻止你自己闪耀

你在消磨时光，时光也在消磨你

莎士比亚说："抛弃时间的人，时间也抛弃他。"

当你消磨时光的时候，时光也在无情地消磨你。你的时光有限，而时光消磨完了你还有别的人可以去消磨。所以，请珍惜时光，因为你在它和进行"消耗"的较量上，永远不会占上风。

我国著名文学家、思想家鲁迅有一句珍惜时间的名言流传甚广："时间，就像海绵里的水，只要你挤，总是有的。"鲁迅先生也一直是这么做的，他每天都要工作到深夜，次日起床后，刚洗漱完毕就投入工作，常常忘了吃饭，一直干到快天黑时候才走出工作室。

鲁迅习惯以各种方式提醒、鞭策自己要珍惜时间，努力工作。他平常在工作间隙，若实在累了乏了，就和衣躺到床上小憩一会，醒后习惯性地沏一壶浓茶，点上一根烟，然后又继续工作，他还把珍惜时间的对联挂在卧室的墙上。在他眼里，不珍惜时间的人"成天东家跑跑，西家坐坐，说长道短"，尤其可恶。他甚至把浪费时间等同于"谋财害命"："时间就是生命，无端空耗别人的时间，其实是无异于谋财害命的。"

鲁迅的生活方式未必适合我们普通人，但他珍惜时间的态度完全值得我们每个人在生活中借鉴、效仿。//

"光阴似箭，日月如梭"，一个人的一生很短暂，我们应该懂得如何珍惜时间，而不是消磨时间。生命对每个人而言都是有限的，切不可让时间白白地从你身边流逝。你若不懂珍惜时光，时光将无情地消耗你。

有人说，人生只不过就活三天而已，昨天、今天和明天。而这三天时间中最重要的是今天，因为昨天已成为历史，明天尚未到来，只有今天掌握在你手中，只有今天你才能做你想做的一切。不珍惜今天，不把握今天，那明天始终都只是幻想。

时间希望用它的神力为人类创造奇迹、创造辉煌，让世上所有的人都认识它，所以它决定去人间走一趟。可是天有不测之风云，人有旦夕之祸福，在时间去往人间的路上，万万想不到的事情发生了，因为它太专注于想事情，一不小心，竟从山顶掉向深渊。幸好，它急中生智抓住了一根斜出的树枝。但那根树枝太小了，只要它身子一动，树枝就会断，所以，它丝毫不敢动弹紧紧地抓住树枝。

一会儿，富裕从远处经过那里，时间就叫它："富裕大哥，帮帮我！"富裕说："很抱歉，我不能救你，因为我要去买车。"又过了一会儿，花儿走过来，时间对花儿说："花大姐，请救救我吧！"花儿说："对不起！我有心无力，因为我有惧高症。"

又过了几分钟，贫穷向它走来，时间对贫穷说："贫穷小弟，你到哪里去？"贫穷说："我从来的地方来，到去的地方去。"时间说："请帮帮忙，等一下我和你一起去。"贫穷却说："对不起了，因为我要去赚钱过日子。"时间心想，明年的今天可能是它的忌日了。

说时迟，那时快，真诚唱着歌儿向它走来，时间想，这是最后的机会，于是，赶紧对真诚说："真诚老大，你过来帮我一下。""好！"真诚毫不犹豫地爬过去，小心翼翼地把时间救了下来。时间感到很奇怪，就问真诚："其他人都找借口不肯帮我，为什么你肯冒着生命危险来救我？"真诚说："因为只有时间才能证明真诚的伟大和可贵。"∥

人活着最大的成本就是时间，最大的资本和财富也是时间。时间对每个人都是公平的，给每个人的一天都是 24 小时，每个人从来到这个世界的那天开始，时间就陪伴着我们过每一天，无论你是贫是富，时间从来没离开过我们。所以，我们应该珍惜时间，因为它是我们一生中最难留住的东西。

"发明大王"爱迪生，小时候被人认为是低能儿，他的成功，应该归功于他的母亲对他的谅解与耐心的教导，爱迪生只上过三个月的小学，他的学问是靠母亲的教导和自修得来的。

爱迪生从小就对新事物充满好奇，对许多事都抱有极大的兴趣，任何事他都喜欢亲自去试验一下，直到明白其中的道理为止。长大后，爱迪生基于自己的兴趣，一心一意做研究和发明工作。他在新泽西州建立了实验室，一生共完成了电灯、电报机、留声机、电影机、磁力析矿机、压碎机等总计两千余项发明。

爱迪生常对助手说："人最大的浪费莫过于浪费时间了。"爱迪生的狂热的研究精神，激励他不断为改进人类生活方式作出贡献。"人生太短暂了，要多想办法，用极少的时间办更多的事情。" ∥

"一寸光阴一寸金，寸金难买寸光阴"，时间远比金钱贵重千万倍，时间不会停留，也不能被收藏，更不可能用金钱买到，对那些有上进心的成功人士来说，时间过得飞快，必须分秒必争；而对那些好吃懒做，不求上进的人来说，时间过得慢且枯燥无味，他们用吃喝玩乐浪费着大把时光。

不要消磨时光，因为在你消磨时光的同时，时光也在无情地消磨你。"明日复明日，明日何其多。我生待明日，万事成蹉跎。"岁月不等人，时光一去不复返。只有珍惜今天，利用好今天，才能收获明天，才能坦然面对纷繁芜杂的尘世。

你就毁在"凡事差不多"

蔡康永说:"15岁觉得游泳难,放弃游泳,到18岁遇到一个你喜欢的人约你游泳,你只好说'我不会耶';18岁觉得英文难,放弃英文,28岁出现一个很棒但要会英文的工作,你只好说'我不会耶';人生前期越嫌麻烦,越懒得学,越觉得什么都差不多,后来就越可能错过让你动心的人和事,错过更美好的风景。"

每一个成功的人,都追求"精益求精"。凡事都抱有差不多态度的人对生活没有渴望,没有激情。有人说,面对工作、生活只满足于"差不多"的人就相当于慢性自杀。倘若凡事只追求差不多是你真正想要的生活,怎样平凡都不过分。但如果差不多是你退而求其次的凑合,那么你的人生终将在悲哀中度过。因为你既不能创造更好的生活,又不能心安理得苦守差不多,这样的人生,是根本不值得过的。

胡适先生的《差不多先生传》,字字珠玑,句句打脸。

他说中国最有名的人就是"差不多先生",他和我们长得差不多，他最常说的一句话就是："凡事只要差不多就好了，何必太精明呢？"

于是，妈妈让他去买红糖，他买了白糖，他说不都差不多吗？他上了学堂，先生问他，直隶省的西边是哪一省？他说陕西。有什么关系，陕西和山西不是差不多吗？错过了火车，他说，那就明天走吧，今天和明天不是差不多吗？

后来，"差不多先生"得了疾病，家里人去请东街的汪医生，可是没找到，便找来了西街的王大夫。他知道寻错了人，可病的很严重，于是想道：汪医生和王医生也差不多，算了，让他试试吧。

于是，王大夫用医牛的法子给"差不多先生"治病，没过几天，"差不多先生"就死了。死之前他说："活人跟死人也差不多，何必太认真呢？"

他死后，大家都很称赞他，凡事都看得破，想得通，一生不肯认真，不肯算账，是一位有德行的人。他的名誉越传越远，越久越大，无数的人都学他的榜样。于是人人都成了一个"差不多先生"。

如果凡事只求差不多，那么差不多就成了扼杀你创新思维、限制你追求的凶手。久而久之，你就变成了一个"差不多先生"，过着一个"差不多就行了"的人生。所以说，在日常生活中，别让自己毁在凡事差不多上。一次两次差不多，一生也就完了。人生稍纵即逝，生活就得过得认真点，认真感受阳光、感受生活，你才不会辜负自己的年轻岁月。

一个凡事只求差不多的人，也就只配过一个"差不多就行了"的人生。凡事差不多，你的生活就会差很多；凡事差不多，你的工资就会差很多。总抱着一种凡事差不多的态度生活，会毁了你有可能很精美的人生。

人生如同攀岩，在整个攀爬的过程中，你必须竭尽全力，全神贯注往

这个世界不会
阻止你自己闪耀

上爬，因为稍有不慎，你将跌入万丈深渊。因此，在成长的过程中，无论是生活也好，工作也罢，我们都必须时刻提醒自己，永远都不要满足现状，只有懂得追求卓越而不满足于差不多的人，才能成功地爬到山顶，才有更多机会获取生存的能量。

公司安排李辉负责接送和陪同异地来公司考察的客户。由于天气多变，经理嘱咐，一定要把天气情况标注在行程表上。可是李辉觉得差不多就行了，下不下雨还不一定呢，一来二去的，就给忙忘了。

可天公不作美，突降大雨，客户毫无防备，即使手忙脚乱地买了伞，还是淋湿了。湿的不只是衣服，还有心情。恰巧，在客户考察的几天里每天都是阴雨，客户嘴上没说什么，但回去以后，便把合同取消了，因为另一家公司的服务，远比他们周到得多。

没有提前查好天气，虽看上去不算什么大事，但是却反映了一个公司职员工作的严谨性和对于合作的重视程度。细节决定成败，这话不无道理。客户被送走以后，李辉便被辞退了，他走的时候还一直在抱怨："多大个事儿啊，差不多就得了，第一次遇见这么吹毛求疵的客户，简直就是有病。"//

生活不是你觉得差不多行了就真的行了，一个追求精益求精、一往无前的企业，永远不会允许差不多的出现，因为那是一种无能，一种应付和凑合，一种不端正的态度。李辉这样一个凡事只求差不多的人，也就只配过一个"差不多就行了"的人生。

其实无论在人生的哪一个阶段，这种差不多的思维都曾出现在我们身边。它给了我们一种暂时性的心安理得，时间久了，便将我们的活力慢慢杀掉。无论工作还是生活，都是一个追求卓越的过程，是一个臻于至善的过程。只有不断地追求，以一颗进取心去面对未来，我们的生活才有意义。在这个向往成功的年代，如果凡事甘于"差不多"，就会被生活淘汰。你必须懂得只有不断向前，不断地创造成功，才能让一个人的全部潜能真正地释放出来。

生活中的每件事都不可能达到完美，但是不要把目标定得太低。其实，努力过后，你会发现，很多事情我们可以做得更好，但是由于长期的惰性与差不多心理，让我们为追求完美设了一道障碍，阻止了一切美好的可能。所以，拒绝"差不多"，才能为美好的生活拆除屏障。

年轻人，你只是假装很努力

> 小米科技创始人雷军说："永远不要试图用战术上的勤奋，掩饰战略上的懒惰。真正的努力和勤奋并非流于表面，勤于思考，找准努力的方向才能获得数倍成效。"

真正的努力，不是你深夜在办公室打完游戏后在朋友圈里发表个"工作到现在，该回家了"，也不是看泡沫剧至凌晨，对着窗外拍张照片"你见过凌晨4点的北京吗？"努力并不是比谁把自己虐得更惨，不是比谁花的时间更多，而是全身心地投入去做一件事情。真正的努力，不是做给别人看的，而是要用专注和热情持续浇灌。不要总是假装很努力，要知道，欺骗别人很简单，但是没有人能欺骗得了自己。

萧伯纳说："如果我们能够为我们所承认的伟大目标去奋斗，而不是一个狂热的、自私的肉体在不断地抱怨为什么这个世界不使自己愉快的话，那么这才是一种真正的乐趣。"有人说，低端勤奋，不需要动脑，精疲力竭后，看似感动了自己，实则是自我欺骗。所以，不要总做些假装努力而感动自己博取别人同情的事，那会非常可怕，它甚至比不努力还要可怕，因为它同时被一家公司录用的叶飞和张旭是一对好朋友。自上班后他们都很努力，每天工作到很晚。最后都得到了公司领导的表扬。可是半年后，叶飞从普通职员一直升到部门经理。而张旭却到现在还是一个普通的职员。

有一天，在心中已经抱怨了无数次的张旭向公司老板提出了辞职，并痛斥了公司的用人不公。老板并没有生气，他希望帮助张旭找到问题的关键。因为他知道张旭虽然工作努力，但效率不高。

老板对张旭说："张旭先生，在你还没有离职的这段时间里，我想让你完成最后的一项工作，请你马上到集市上去，看看今天有什么卖的。"张旭很快回来说："刚才集市上只有一个农民拉了一车西红柿卖。"

"一车大约有多少筐，多少斤？"老板问。张旭又跑去，回来说："10 筐，100 斤。"

"价格是多少？"张旭再次跑到集市上。当张旭回来的时候，老板对气喘吁吁的张旭说："休息一会吧，你可以看看叶飞是怎么做的。"

老板把叶飞叫到了办公室，然后对叶飞说："你马上到集市上去，看看今天有什么卖的。"

叶飞接到任务后，很快从集市回来了，并且向领导汇报说："到现在为止只有一个农民在卖西红柿，有 10 筐共 100 斤，价格适中，质量很好。"并且他还带回几个西红柿的样品让领导先看看。然后接着说："另外这个农民还有几筐刚采摘的茄子，价格便宜，公司可以采购一些。"叶飞随即又拿出了带回的茄子样品，而且还把那个农民也带来了，他现在正等在外边。

听完叶飞的汇报，领导非常满意地点了点头。而这时，站在一旁的张旭也已经明白了一切，并在心里默默地说："这就是普通职员和部门经理之间的差别啊。"╱

同样的努力，叶飞能够由普通的职员升为部门经理，并没有什么特殊的原因。关键在于他能比别人想得多、做得多。很显然，真正的努力，不仅要克服身体的懒惰，还要克服那些真正阻碍你前进的习惯。一切的努力，都是为你最终的目标服务，否则任何动作都是徒劳。所以，努力也是有目的，有方法的。空有一腔改变的热情，只能无谓地消耗时间，绝不会有所收获。勤于思考，找准努力的方向，才能事半功倍。

"天道酬勤"不是做做样子，不是假勤。要勤，就要勤得其法，勤得其所。有些人看似勤奋，并不是为了取得一个成功的结果，而是为了缓释内心的焦虑，仅仅把勤奋当做消除焦虑的手段，把勤奋当做习惯。总是假装很努力，觉得付出过了就问心无愧、无怨无悔。面对获得和付出的高度差异，他们总安慰自己可能只是运气不好造成的。

人们总喜欢炫耀自己10%的忙碌，用忙碌标榜自己的努力，以塑造自己废寝忘食、奋发图强的个人形象，却把剩下90%的懒惰自动抹杀。待时光荏苒，当他们惊奇地发现自己仍然停滞不前甚至每况愈下时，就开始怨天尤人，"我天天拼死拼活，为何得不到回报？"很多人的"努力"只不过是一种自我安慰和满足，他们总在重复着一些机械的、技术含量低的工作，以掩饰自己怠于开拓创新、深入思考的事实。

常常为了工作和生活废寝忘食，却毫无收获的人，究其原因，那些所谓的"废寝忘食"于他们而言，只不过是一种习惯、一种自我安慰，他们只是在追求事物的数量，而并非事物的含金量。他们想的是如何做完一件事情，而不是如何做好一件事情。如果有十件轻而易举的任务，和一件难如登天的任务，他们会毫不犹豫地选择前者。他们沉迷和标榜的这种低质量的忙碌，不过是懒惰的另外一种表现。

事实上那些假装努力的人，因为无法被自己的实际成就说服，只能通过追求表面的赞赏来寻求自我安慰。其实，这种用身体在努力、而不是用大脑在努力的错误，每个人都会犯，但不是每个人都能有所察觉。

有人说，最不求上进的人莫过于平庸的普通人，总是不安于现状又没勇气改变，做着无效的劳动却自我麻痹已经尽力。揣着追寻梦想的心，却没有践行梦想的行动。习惯把"想做"当成"在做"，把"在做"当成"做到"。刷着手机想通过别人的生活寻求激励，关上手机仍然该干嘛干嘛。人不能假装很努力，永远不要试图用战术上的勤奋，掩饰战略上的懒惰。真正的努力和勤奋并非流于表面，只有勤于思考，找准努力的方向才能获得数倍成效。

第五章

知道自己要去哪里，
全世界都会为你让路

人生路上，没有人为你放好路标，当你步入这条布满荆棘的道路时，倘若漫无目地前行，你将会迷失方向，可能永远在一个地方转圈。所以，在没有路标的指引下，在你感到烦恼、忧愁、迷茫的时候，就请尽快停下前进的脚步，整理好思绪，为自己定一个方向。当你明确了目标，纵使跌跌撞撞，你前进的脚步也无人可挡。只要心中有方向，知道自己要去哪里，全世界都会为你让路。

在不知所措的年纪，似乎一切都不那么尽如人意

古希腊诗人荷马说："没有比漫无目的地徘徊更令人无法忍受的事了。"╱

生活中不如意事十之八九，尤其是在某段时间里，似乎一切都不顺心。有时候所有的坏事仿佛火山爆发一样一拥而来：工作不如意，身体有小疾，感情受挫……它们像一座座大山一样，压得你喘不过气来。在排山倒海般的坏事面前，你变得更加迷茫，前路混沌不清，脚下的路不知如何走。

南宋词人辛弃疾在《丑奴儿·书博山道中壁》中写道："少年不识愁滋味，爱上层楼。爱上层楼，为赋新词强说愁。而今识尽愁滋味，欲说还休。欲说还休，却道天凉好个秋。"大概这个"为赋新词强说愁"的少年并不知道什么是真正的忧愁，也许不能拿着手机打游戏就是忧愁，也许不能想吃什么就

买什么就是忧愁，等到了三四十岁的年纪，为了生存到处奔波的时候，才真正地体会到了什么是真正的忧愁，但是为时已晚。

在该定下目标奋斗的年纪，却在迷茫中度过，那么迎接他的必然是不那么顺心的人生。因为你没有明确自己的目标，才导致自己陷入迷茫。在人生的竞赛场上，如果总是处在迷茫的状态，是无法成功的。其实很多人并不乏信心、能力、智力，只是没有确立目标或没有选准目标，所以才在人生的竞技场上败下阵来，觉得什么事都不如意。

1889 年 5 月 25 日，一位名叫伊戈尔·伊万诺维奇·西科尔斯基的男婴在基辅降生。一天，西科尔斯基的母亲外出揽活，年仅四岁的西科尔斯基一个人在火炉边玩，不小心将炉火上滚烫的开水壶碰倒，致使他的双手被严重烫伤。虽经治疗，但一双手掌却变形了，成了他羞于见人的伤疤。

西科尔斯基从此变成了一个自卑而脆弱的孩子，每天放学回家都双目无神地望着天空发呆，母亲看在眼里疼在心上，怎样才能让西科尔斯基变得快乐起来呢？一天，西科尔斯基的母亲从一个摊贩那里买了一个竹蜻蜓，母亲希望这只竹蜻蜓能够给他带来一些快乐。西科尔斯基拿着竹蜻蜓，双手用力一搓，竹蜻蜓飞起来了，西科尔斯基终于笑了。母亲趁机鼓励他说："你看，这只竹蜻蜓的翅膀多像你的双手呀，也一样是向一边倾斜，但它不也飞起来了吗？"西科尔斯基将竹蜻蜓拿在手里仔细地对比，他惊讶地发现，竹蜻蜓的翅膀跟他的手真的很像，竹蜻蜓能够用这样的翅膀飞翔，他为什么不能用那双倾斜的手让自己的理想飞起来呢？从此，西科尔斯基迷上了飞翔事业。

1908年，威尔伯·莱特驾机在巴黎做飞行表演，西科尔斯基有幸目睹了前辈们的英姿后，更加坚定了自己动手制造这种"会飞的机器"的决心。1909年，他开始研制直升机。

1939年9月14日，被儿时的梦想支撑了三十年的西科尔斯基，身穿黑色的西服，头戴帽子，爬进座舱，轻松地把一架直升机升到了空中。在高约二三米的地方，平稳地停了十秒钟之久，才轻巧地降落到地面。这在航空史上是崭新一页，西科尔斯基成功地让世界上第一架真正的直升机升空了。

经反复试飞，该飞机具有了良好的操纵性能，具备了现代直升机的基本特征。最终，西科尔斯基成为世界上第一架实用直升机的发明者，世界著名飞机设计师及航空工业创始人之一。∕

当你迷茫的时候，不妨静下心来为自己定个目标，并为之不断努力。人生目标，人生每一次愿望的实现，都是对人生目标的兑现。一个人要想在人生的道路上一帆风顺，事事如愿，需要人生目标的指引。在这个世界里，没有谁不抱希望而活一世。要想在短短的人生中实现自己的人生价值，就得有目标。

世界一流职业演说家博恩·崔西说："要达成伟大的成就，最重要的秘诀在于确定你的目标，然后开始干，采取行动，朝着目标前进。"几乎每个人都知道，人不能总处于不知所措中，人生必须有目标，并且必须采取行动！在你想着从生活中得到什么的时候，你有没有想过你为生活做了什么。之所以总觉得万事不顺心，那是因为你只是一直在虚度年华。

每个人在走向成功时，切记不要把自己陷入迷茫的境地，因为那样只会让你没有目标，让你碌碌无为。想要证明自己能行，就必须静下心来，先明确方向，然后为之不懈努力。每个人走向成功的过程，实质上就是明确目标、战胜失败的过程。尤其是成就大事业者，更是如此。

决定你人生的不是能力，而是选择

瑞士心理学家卡尔·荣格说："性格决定命运，选择决定人生。"

在我们的生活中，经历最多的就是选择：上学、工作、婚姻、生活……每走一步都面临选择。毫不夸张地说人生就是由选择决定的。选择渗透着我们的生活，它在人生中的重要性可谓无可比拟。但是，面对人生岔路到底该如何选择呢？

英国心理学家萨盖做了一个实验：戴一块手表的人知道准确的时间，戴两块手表的人便不敢确定几点了。人就是这样，所有的痴嗔杂念，都来自于选择的痛苦。智者总说："心态决定一切。不同的心态，引导着我们做不同的选择。"积极心态下作出的选择总会带来乐观的结果，消极心态下的选择也大多是悲观的结局。

法国哲学家布里丹养了一头小毛驴，他常向附近的农民订购草料来喂养小毛驴。有一天，一位农民为了对这位老主顾表示感谢，特别多送了一堆草料给他，于是仓库里有了两堆草料。

　　农民的好心让布里丹的毛驴陷入了烦恼中，因为眼前这两堆草料距离完全相等，数量一样，鲜美可口程度也一样。毛驴拥有绝对选择的自由，它左看看，右瞧瞧，不知道选哪一堆草料才好。于是这头可怜的毛驴不断地在两堆草料中来回走动，在无所适从的情况下，最后毛驴竟然活活饿死了。

　　生活就是这样，每个人都难免会遇到像布里丹的毛驴这样难以选择的时候。对于意志坚强、有清楚目标的人来说，这根本不算什么烦恼，但对于那些谨小慎微、优柔寡断的人来说，实在是种折磨和考验。人生难免会在鱼与熊掌间举棋不定，难免会在人生的十字路口彷徨，为了该"向左走"还是"向右走"而感到迷茫。

　　林肯曾经说过："所谓聪明的人，就在于他知道该选择什么。"哥伦布辍学后曾经在船上当过一段时间普通海员，那时他既可以选择一辈子在船上当普通海员，也可以选择像自己的祖先一样，当一个横行海上的海盗。但他选择了冒险家的人生——航海，后来发现美洲大陆，成为世界著名的航海家。

　　生活中，需要选择的东西实在太多，很多时候我们都处于纠结中，难以做出抉择。当迷茫的时候，就要静下心来，想想我们需要什么，我们的努力能够得到什么。有时候三分钟的思考，胜过三个月盲目的努力。有时候，一句询问，就能解答十年的迷茫。思想主宰命运，选择决定人生。人生在世，只有花精力用心做出正确的选择，才会少走弯路，收获成功。

　　台湾世新大学校长赵少康在演讲中说："人生中每天都有大大小小的决定，每个决定做出之后都必须承担后果。"每一次选择都可能改变人生的方向。有人说，思想是智慧之光，选择是人生大计。选择不同，通往前面的道路就会不同，人生亦会不同。

面对人生选择，有的人犹豫不决，错失了良机；有的人勇敢向前，一步成就功名；但也有的人因为判断错误失去原有的一切。选择对人生很重要，它作为一种重要的人生智慧，我们就不能简单化、情绪化地应对它，而应谨慎地对待每一个问题，对人生有重大影响的问题更应三思而后行，让自己做出的决定更理智、更正确。

千万别"晚上想了千条路，早上起来走原路"

恩格斯说："判断一个人当然不是看他的声明，而是看他的行动；不是看他自称如何如何，而是看他做些什么和实际上是怎样一个人。"

有人说："这个世界上不缺少有想法的人，却缺少有做法的人。而且，最缺少的是能在一条路上风雨兼程用心走到最后的人。"行动是一件苦差事，因而人们更愿意在自己精神的王国中一遍又一遍地遐想，而不愿付出实际的行动。"万事开头难"，虽然纯粹的幻想到落实行动只有一步之遥，却能让你的人生发生巨大转变。人的天性是懒惰的，所以就本能地趋向不改变和安逸的状态。将宏伟蓝图付诸行动，是需要勇气和智慧的。因此，千万别"晚上想了千条路，早上起来走原路"，当你决定行动时，就已经成功了一小半。

伏尔泰说："人生来是为行动的，就像火总向上腾，石头总是下落。对人来说，没有行动，也就等于他并不存在。"所以说，"心动不如行动"。不要让自己绞尽脑汁制订的宏伟计划成为空想，只要想到了出路，就拿出行动。你在晚上苦思冥想的千万条光明大道，如果不能尽快在行动中落实，最终也只能随着你浓浓的睡意化为乌有。

俗话说："想一百遍不如做一遍，只想不做等于零。"只想不做只能让你的梦想显得苍白无力。你在晚上想出的千万条路，找出其中切实可行的一条，然后毫不犹豫尽快拿出行动，加快实现梦想的脚步，才是梦想成真的必经之路。不要担心实现目标的过程太长，倘若在彷徨中裹足不前，就会让机遇在从身边溜走，白白浪费了光阴。

在一个教堂里，有个人隔三岔五就会来祈祷，他的祷告词几乎每次都相同。第一次他跪在圣坛前，虔诚地祈祷道："上帝啊，请念在我多年来敬畏您的分上。让我中一次彩票吧！阿门。"

过了两天，他又闷闷不乐地来到教堂，同样虔诚地跪着祈祷："上帝啊，你为何不让我中彩票？我真心愿意谦卑地来服侍你，求您就让我中一次彩票吧！阿门。"

又过了几天，他再次来到教堂，重复着他同样的祈祷。如此周而复始，持续了很长时间，到了最后一次，他心想这是最后一次祈祷，上帝如果再不让他实现他的愿望，他就再也不来这了。他跪下无比虔诚地祈祷着："我的上帝，为何您不垂听我的祈求？让我中一次彩票吧！只要一次，让我解决所有困难，我愿终生奉献，专心侍奉您……"

就在这时，圣坛上发出一阵宏伟庄严的声音："我一直在垂听你的祷告。可是最起码你也该先去买一张彩票吧！"

有多少人就像这个人一样，连彩票都不买，却总想着中奖。要想让自己人生有所收获，就不能只想不做，就算上帝想帮助你，也得给上帝创造一个帮助你的机会。英国著名文学家劳伦斯有一句名言："成功的秘诀，在于养成迅速去做的好习惯。"生活中不难发现，有些人能成功，并不是因为他们的知识、眼光、观念多么出类拔萃，他们想到的出路、目标也常常和身边的人想到的差不多，只是因为他们想到了就会为之付出行动，并且能够孜孜以求而已。

战国时期赵国名将赵奢有个儿子，名叫赵括。此人从小就学习兵法，论战谈略，口若悬河，觉得天下人都没有能比得上他的。就算与他的父亲赵奢谈战阵布设之道，赵括也是信心百倍，驳得赵奢哑口无言。但赵奢认为儿子并不懂兵法。赵括的母亲询问其中原因，赵奢说："战争，是关系将士生死存亡的大事，而括儿竟说得如此轻松容易。将来赵国不用括儿为将则已，如果真用了他，使赵国惨败的，一定是他了。"

等到赵奢死后，赵括掌握了兵权，他母亲上书给赵孝成王请求剥夺赵括的带兵权，被拒绝了。赵括一反前任行之有效的策略，改守为攻，主动出击，结果中了秦军之计，被困于长平。最后，赵军突围失败，赵括被秦军射杀，四十余万赵兵降秦后被坑杀。

古人云："纸上得来终觉浅，绝知此事要躬行。"没有实践，一切美好的设想都只能是梦幻泡影，赵括在竹简上书写着一首首波澜壮阔的战争史诗。在纯粹理论搭建的世界里，赵括披坚执锐，戎马倥偬，驰骋于万里疆场。但是，他的空谈却让他命丧沙场，险令其父一世英名尽毁。想象与现实的距离只有用行动才能丈量。行动令梦想充实丰富，触手可及。千万别"晚上想了千条路，早上起来走原路"，凡事只有行动，才能让你想出的千条路有价值。

一味地停留在计划中，停留在幻想中，成功就会与我们渐行渐远。雄鹰振翅方能呼啸九天，萤火虫舒翼才可流光点点。只有行动，才能焕发出生命的光芒。如果爱迪生只是幻想有电灯泡这种东西而没有立刻付诸创造，那万家灯火的美景就只能推迟到很多个明天之后了。

这个世界幻想成功的人千千万，真正将思想转化为实际行动的不足百千人，陀思妥耶夫斯基说："人人都可以做到热爱艺术，而成为艺术家是要受苦的，不是所有人都能走到苦难的尽头。"只有行动才能打造最伟大的心灵，只有不畏风雨一路走来的人，才能最终走进真理与美的光辉中。

没人阻止你出人头地，你错在自我限制

美国成功学大师安东尼·罗宾曾说过这样一段话，"如果你是个业务员，赚一万美元容易，还是十万美元容易？告诉你，是十万美元！为什么呢？如果你的目标是赚一万美元，那么你的打算不过是能糊口便成了。如果这就是你的目标或是你工作的原因，请问，你工作时会兴奋有劲吗？你会热情洋溢吗？"可见，"有限的目标只会带来有限的人生。"

与成功人士比较，你之所以没有出人头地，只是因为你没有极度渴望成功的信念。这个世界上没有人阻止你出人头地，是你为自己的内心扣上了枷锁，在自己前进的道路上设置了障碍。

《小马过河》中，小马听了老牛和松鼠的话，犹豫地不敢过河，最终在老马的鼓励下亲自试水过了河，才知道原来河水既不像老牛说的那样浅，也不像松鼠说的那样深。同一条河流，老牛觉得它是没不过膝盖的小溪，松

鼠觉得它是深不可测的天险，而小马却觉得它不深不浅刚刚好。这个故事告诉我们，不要听了别人的话为自己设置限制，凡事只有自己亲自体验了才知道是否能成功。

没有人能够阻止你出人头地，你错在自我限制。任何事都有两面性，当你只看到消极的一面时，你就会在内心中为自己设置一道障碍，做事畏首畏尾，不敢向前。遇到不能解决的问题时，不妨换个角度看问题，说不定会有意外的发现。

曾经有人做过这样一个实验：把一只跳蚤放进一个玻璃杯里，发现跳蚤立即能从玻璃杯里跳出来。后来，他重复了好几遍，结果还是一样。经过几次测试后，实验者又有重大发现，原来跳蚤跳的高度一般可达它身体的400倍左右。紧接着，实验者再一次把这只跳蚤放进玻璃杯里，唯一与上次不同的是，这次是在放入跳蚤的同时立即在玻璃杯上加一个玻璃盖，只听"咚"的一声，跳蚤重重地撞在玻璃盖上。

一开始，跳蚤不知道发生了什么，但它依然不会停下来，因为它的生活方式就是不停地"跳"。然而，一次次被撞，跳蚤好像变得聪明起来了，它开始根据盖子的高度来适当调整自己跳的高度。就这样过了一段时间，实验者发现，这只跳蚤居然再也没有撞击到这个盖子，而是在盖子下面自由地跳动着。

又过了两天，实验者把玻璃杯上的那个盖子轻轻地拿掉了，发现跳蚤并没有从玻璃杯里跳出来，而是在原来的高度继续跳。

三天以后，实验者发现这只跳蚤还在那里跳。一周以后发现，实验者再次去观察，发现这只可怜的跳蚤还在原处不停地跳着。这只跳蚤在瓶子里呆了整整一周，也没有跳出这个玻璃杯，不知道这对于跳蚤来说是好事还是坏事呢？╱

其实成功有的时候就是这样简单，仅仅是换一种思维，就会达到成功的彼岸。如此看来，不是你不能出人头地，而是你需要一个突破的过程，你需要突破你的心理障碍，从自我限制中走出来，勇敢地去尝试。好多事情你认为做不到，是因为你还沉浸在自我限制中，你只是不敢去尝试，而不是你不行。

每个成功者都不是天生的，他们之所以能够成功，是因为没有给自己的内心套上枷锁，而是将自己无穷无尽的潜能发挥出来。即使前面有一座巍峨的大山，他们也能沉稳地爬上去。然而，对失败者来说，即使前面没有大山，他们也会觉得前面的路被大山挡住，不断地告诉自己："我不行，我做不到，我害怕。"懦弱的失败者无法突破内心的限制，只能远观，因为他们根本不懂，其实所有的限制，都是从自己的内心开始的。

爱迪生说："成功的秘诀很简单，无论何时，不管怎样，我也绝不允许自己有一点点灰心丧气。"所以，我们要释放自己的内心，不要让自我限制吞没你成功的机会。很多时候，人们之所以不敢开始，不敢走向成功，不是因为他们不可能成功，而是因为他们在行动之前就已经犯怵，怕一败涂地，怕血本无归。然而，如果不尝试、不实践，就连出人头的机会都没有。只有努力去追求自己的目标，越过内心那道障碍，才会有会出人头地的可能。

成功是属于那些敢于突破自己、接受挑战、勇于尝试的人。而那些害怕失败、给自己设限、不敢放手去尝试的人，最终只能平淡地度过自己的一生。

　　人只要坚定信念，卸下为自己设置的障碍，大胆去尝试，世界就会给你一个无限的可能。所以说，不要把自己囚禁在思想的牢笼里。解开心灵的枷锁，释放那个可以创造无限可能的、完整的自己。

如果没有梦想，那么你只能为别人的梦想打工

作家三毛说："人至少要有一个梦想，有一个理由去坚强，心若没有栖息的地方，到哪儿都像在流浪。"//

曾几何时，听过这么一句很富深意的话："每天叫醒我的不只有闹钟，还有梦想。""梦想"这个词，我们都不陌生，因为每个人都有梦想，而且都有很远大的梦想，当别人问我们的梦想是什么的时候，我们都会很自豪地告诉他，我们的梦想是科学家、作家、画家、飞行员、企业家，等等。但是随着年龄的增长，我们渐渐开始发现，梦想离我们好遥远啊，挫折和困难让我们的梦想慢慢变小了。我们一次又一次地跌倒，经历了越来越多的坎坷，慢慢地，我们就开始怀疑我们的梦想。

不知道有没有人发现，但凡有梦想的人，双眼充满光亮，因为怀揣着梦想就会对明天有所期望，即使遇到再多的艰难险阻，也会勇往直前，义无反顾；而没有梦想的人，眼睛是干涸的，生活中碌碌无为，得过且过。如果没有梦想，那么你就只能为有梦想的人打工。有梦想的企业老板，想要做与众不同的事业，想要使企业效益不断提高，想要成为知名的企业家。而没梦

想的你，只想赚点钱生存，有一个居住的地方，有吃有喝。因此，你只能每天早九晚五，为了完成老板的梦想而努力工作。任何人的路都需要梦想的引导，前方的桥，需要梦想做支柱。

被誉为"艺界奇才"的盲人歌手杨光出生刚刚八个月，就因一场疾病失去了视力，彻底陷入了黑暗的世界。在他的脑海里没有一丝影像和颜色的记忆。他什么也看不见，不知道世界是什么样子，不知道花儿有多美丽，甚至连看一眼自己的妈妈都成了平生最大的奢望。

他的童年是苦涩、自卑、脆弱和痛苦的。他觉得自己是这个世界上最可怜、最不幸的人，因为看不见，他常常碰得鼻青脸肿，常常摔得头破血流，常常被别人嘲笑和欺负……他不知道自己将来还要面临多大的痛苦和磨难，未来对他来说实在太可怕了。

哪个做父母的，不希望自己的孩子健健康康、快快乐乐的？每每看到杨光孤独、绝望、无助的样子，母亲的心都碎了。她忍着眼里的泪水，鼓舞他说："孩子，虽然你看不见阳光，但你可以让自己的心里充满阳光；虽然你不幸失去了光明，但你还有双脚、双手、鼻子、耳朵和嘴巴，更重要的是你还有一颗聪慧的脑袋，你完全可以靠自己的努力养活自己，甚至取得事业的成功。"

妈妈的话让他幡然醒悟，尽管他看不见任何东西，但他的触觉和听觉非常好，记忆力也相当不错，他完全可以利用自己的长处，过跟正常人一样的生活。于是，他开始主动配合妈妈，跟着她学穿衣服，学走路，学煮饭，学做家务，学读书，学写字等。他付出了远超常人数倍的努力，承受了常人不能承受的痛苦，最终学会了行走和照顾自己，他非常开心，也渐渐找到了生活的信心和

这个世界不会
阻止你自己闪耀

勇气。

在母亲的教育和引导下，他的性格变得乐观而坚强。有一次，他跟着奶奶到外地去玩，一群不懂事的小孩追着他喊："小瞎子，看不见！小瞎子，没出息！"奶奶听后心里十分难受，想找那些小孩的家长算账，但他微笑着对奶奶说："奶奶，算了吧，我本来就是瞎子，他们没有说错，就让他们这样叫好了！"

八岁那年，父亲给他买了一台电子琴，他特别喜欢，爱不释手，每天都要弹上好几个小时。他的音乐天份极高，一首曲子练习几遍，就能准确地弹奏出来，并且还能弹出从收音机里听来的歌，音符和节奏都很到位。母亲十分高兴，还专门给他请了一个音乐老师。但是，随着课程的繁复，学习的深入，难度的增加，他开始懈怠了。毕竟练琴是辛苦的，枯燥的，乏味的，更何况他还只是一个八岁大的孩子。

见此，母亲问他："你喜欢弹琴吗？"

他点点头说："喜欢。"

母亲说："既然你喜欢，就应该坚持到底，做到有始有终，不要一遇到点困难就想到退缩放弃。如果你不能坚持，怕苦怕累，那你做别的事情也会如此。这样下去，你就会一无所长，那将来能干什么呢？"

他听后，惭愧地拉着母亲的手说："对不起！我知道该怎么做了。"

从那以后，他学会了控制自己的情绪，始终如一地做一件事情。十九年后，他终于闯出了一片属于自己的天地，成了一个举世瞩目的明星。一路走来，杨光用歌声告诉大家，虽然他看不见阳光，但他的心里充满了阳光，只要自己不抛弃、不放弃，没有什么能

阻挡你成功。╱

　　心中有梦，即使在阴霾的笼罩下，也坚信太阳总会升起，风和日丽的日子即到来；因为有梦，即使前路千沟万壑，也不会困扰前行的脚步；因为有梦的指引，即便摸爬滚打，最终也找到自己的路。人生在世，不要总为别人的梦想打工！要学会为自己的人生拼搏，做自己人生的主宰者，过自己想要的生活！

你需要远离的不是心灵鸡汤，而是孟婆汤

所谓"心灵鸡汤",是指可以治愈他人内心伤痛的文段的代名词，它虽然不管饱，但很多时候对于受伤者来说，却很有营养；所谓"孟婆汤"，是指遗忘和放弃，喝了孟婆汤，滚滚红尘中数不清的悲欢离合都会淡然忘却，其中包括你的野心、你的不甘、你的梦想和目标。

人生中需要放下的是固执己见，是悲观失望，这时候需要的是心灵鸡汤的抚慰。但是很多人的生活就像是喝了一碗忘却一切的孟婆汤，不再有激情奋斗，忘记了自己失败的原因，清空了自己的奋斗目标，人生之路走下去，失去了航向，陷入了迷茫，从此过上了浑浑噩噩的生活。

在 2014 年，网络刮起了一阵"反心灵鸡汤"的旋风，各类段子引发了网友的追捧，相关的话题更是成为了微博的热门话题，成千上万的网友参与了讨论。很多人都反感现在社会上盛行的正能量心灵鸡汤，觉得这些心灵鸡汤如罂粟花，看上去很美，实则是精神鸦片；它教人雾里看花到处是朦胧美，使人糊了眼、蒙了心，久而久之使人偏离对正常社会的认知。倡导人要有独

立思维，不能被各种心灵鸡汤误导。

但是，心灵鸡汤真的一无是处吗？"'心灵鸡汤'有乐观、励志功能，"重庆师范大学心理学专家周小燕表示，"'心灵鸡汤'曾经给无数人以激励作用，在遇到困难，有负面情绪时，在没有更好的应对办法时候，心灵鸡汤有治疗的价值，是一种语言艺术治疗。"很多人在不去付诸实践，没有梦想、浑浑噩噩地生活中经历了不如意，最后却怪罪到心灵鸡汤上面，真是可笑。心灵鸡汤到底有没有毒要看喝鸡汤的人是能够汲取营养的人，还是把心灵鸡汤喝成了孟婆汤的人。

美国心理学家塞利格曼曾提出一个"习得性无助"的概念，他用狗作了一项实验：起初把狗关在笼子里，只要铃声一响，就对它进行电击，狗关在笼子里逃避不了电击，多次实验后，铃声一响，还没进行电击，狗就伏倒在地开始呻吟和颤抖，即使把笼门打开，狗也不会逃走了。

本来可以主动地逃离，却绝望地等待痛苦的来临——这就是习得性无助。心理学证明，人在长期面对失败时，也常常会习得性无助，而这时，人们最需要的其实不是面对失败如何解决，而是如何相信自己可以解决，这也正是心灵鸡汤大有市场的原因。心灵鸡汤鼓励人们遇到失败的时候，不要变得沮丧和失望，要鼓起勇气再试着反抗一次。其实这并没有什么错，如果实验中的狗能够喝碗心灵鸡汤，汲取到营养，它再试着逃出来一次，就能够避免被电击，获得自由。

但是很多人在喝下心灵鸡汤之后，往往将有营养的心灵鸡汤喝成了孟婆汤，好了伤疤忘了疼，只要电击停止，就不会再记得任何曾经受到电击的事情，倒在地上，继续等待下一次电击的光顾，因为不记得电击，也就不会在有机会恢复自由的时候，记得逃跑，这就是孟婆汤的危害。

人人都害怕失败，这是人的天性。每个人也都对接受失败的程度、次数有一个值，超过这个值，人会变得失望，进而趋于放弃。所以，你真正需要远离的并不是心灵鸡汤，而是让你麻痹、忘却一切的孟婆汤。

现代生活节奏快、压力大，不少人成了车奴、房奴，心里很焦虑。这种普遍存在的心理状态就让心灵鸡汤有了用武之地。一碗鸡汤下去，哇！干枯的心田立即得到了滋润，感觉整个人都是满满的正能量，马上不失眠了。但是，很多人第二天一睡醒，面对处处要继续花钱的窘境，面对月月都要上交的贷款，昨天的那碗鸡汤便变成了孟婆汤，继续沉迷、继续低落。

心灵鸡汤喝不坏人，但也不是包治百病的灵丹妙药，不是什么症状一碗鸡汤灌下去都能解决。喝了鸡汤振奋精神之后，就要努力奋斗，别让喝下去的鸡汤变成了迷魂汤甚至是孟婆汤。

别放弃梦想，人生定会以你为名

新东方联合创始人徐小平说："事实上是，哪个男孩女孩没有做过上天入地、移山倒海的梦啊，只不过在生活面前，很多人慢慢放弃了自己童年的梦想，所以他们沦落为失去梦想的人；而有些人，无论生活多么艰难，从来没有放弃梦想，于是，他们成为永葆青春梦想、永葆奋斗激情的人，能够改变世界、创造未来的人。"

梦想人人都有，只是对待梦想的态度各有差异，有的藏在脑海中，有的深深掩蔽在心底。庄子的梦想，天马行空，于是大鹏的翅膀宽阔如云可以引发海啸。然而，不论梦想伟大与否，圆梦之路都不是一番坦途。所以，走在圆梦的路上，即使遭遇挫折，也不要放弃梦想，因为你的梦想一旦成真，那么你的人生将以你为名。

英国前者首相丘吉尔曾说："我成功的秘诀有三个，第一是决不放弃；第二是决不、决不放弃；第三是决不、决不、决不放弃。"是的，不言放弃是人生成功的重要秘诀。生活中，常有人因为失去了意志，所以放弃了自己的梦想，故而从前进的行列中败退了下来。因此，我们千万不要放弃自己的梦想，因为有梦才会有远方，才会有目标和理想。

　　著名科学家霍金，他的成就可谓辉煌，而他在走向成功的途中也遭受了种种打击。由于患了重病，他高位截瘫，失去了语言能力，他的手只有两根手指头可以活动，但他并没有被这个不幸所打垮，他没有放弃自己的梦想，终于成为了伟大的科学家。∥

　　可以想象，如果霍金抱怨上帝对他的不公，就此放弃了他的梦想，停止了奋斗的步伐，一蹶不振，那么，他又如何取得辉煌的成就呢？又如何能够成为举世闻名的科学家呢？

　　在现实中，很多人做事之所以会半途而废，往往不是因为难度过大，而是觉得成功离自己太远。确切地说，我们不是因为失败而放弃，而是因为倦怠而失败。人生不一定要成大名、立大功，可一定要有自己的梦想，并且不要倦怠，然后拼尽全力却去实现它。你会发现，当你全身心地追寻一个梦想时，你会被极大的幸福和快乐包围。

　　王宝强从小就怀揣着当演员的梦想，为此，他独自去少林寺学功夫，后来经过努力，进入剧组，做了一个连背影都看不到的群众演员，那段日子十分艰难，他身边的很多人都选择了放弃，而他却在艰苦的生活中挺了下来。终于成功地实现了自己的演员梦。

　　同样都是群众演员，为什么王宝强就能取得成功呢？其实产生这两种截然不同的结果是因为王宝强没有放弃，他坚持了下去，他挨过了最艰难的日子，没有被赚不到钱的苦日子所打倒，所以才等到了机会，成就了自己。

　　梦想容不得你放弃，它就像一盏明灯，指引你去往成功的方向。因为不放弃，冼星海在直不起腰的阁楼上创作出慷慨激昂的乐曲；因为不倦怠，肯德基创始人在遭遇 1009 次拒绝后，终于找到了合作伙伴，使肯德基快餐风靡全球；因为不放弃，美国"100 米栏女王"德弗斯在"坟墓病"的打击下，奇迹般地获得了巴塞罗那奥运会冠军。这一切的成就都源自不放弃梦想。所以，由此刻开始出发，世界就在你的脚下。

踏着梦想的脚步，走在青春的路上，在岁月里尽情绽放自己，让生活为自己骄傲，让时光为自己自豪。即使在追求梦想的路上，充满了很多困难、危险、泪水、悲伤，也不要放弃自己的梦想，要相信，经历过了风雨，定会看到彩虹。坎坷与磨难就像纸老虎，表面上来势凶猛，势不可挡，但是只要你不畏惧退缩，一定会战胜它们。

印度著名诗人泰戈尔说过："只有经过地狱般的磨炼，才能生出创造天堂的力量。只有流过血的手指，才能弹奏出世间的绝唱。"种子不放弃开花的梦想，即便瓦砾压顶，最终还是会绽放出一片春光；溪流不放弃入海的梦想，即便岩石阻碍，最终还是归入大海的怀抱。人只要不放弃自己的梦想，即便路途险恶，困难重重，也总会有一条通往实现梦想的道路，让梦想变成现实。

第六章

我从不感谢
伤害过我的人

对于那些伤害过你的人，没什么值得感谢的。因为你能顺利扛过去，只能证明你当初有多了不起，而如果你扛不过去，现在的你只会更卑微。所以，要感谢的除了你自己，还有一直陪在你身边的人，感谢自己当初熬了过去，感谢身边的人一直支持你。对于伤害过你的人，你可以给他祝福，但你没有理由去感谢他们。在各自的世界里，各自安好，才是明智之举。//

别以伤痛来励志自己的人生

> 人生，没有永远的伤痛，再深的痛，伤口总会痊愈。人生，没有过不去的坎儿，你不可以坐在坎边等它消失，你只能想办法迈过它。

人生在世，实属不易，因为伤痛永远多于快乐。一个人的降生，就意味着伤痛的开始，而一个人生命的结束，则是伤痛的终结。不难发现，人的一生就是不断地与伤痛抗争的过程。人生的意义，就在于从伤痛中寻找快乐，这才是真正的人生。

如果说，人生是一部电视剧，那你就是主角，你的责任就是扮演好自己的角色。所以，不管你承受了多大伤痛，经历了多少不幸，你都要清楚地知道，你的人生不会因为你的伤痛为你放假，即便你被伤得体无完肤，生活仍然需要继续。

如今，常常有一些人感叹自己活得太累，压力太大，每天都过着不能喘息的生活。人来到这个世界上，不仅可以享受快乐，还要承受痛苦，或伤痛，或快乐。如何对待生活中的苦与乐，取决于你的内心，在这个过程中，出现了这样两种人：一种是战胜痛苦的强者，另一种是屈服于痛苦的弱者。生活中的强者，即使承受再重的担子，再大的伤痛，也会想办法沾起来。再不堪的生活，也会有过去的一天，微笑着撑一撑，你就胜利了。

有一天，一个小男孩在外面玩耍的时候，突然看到一棵小树上有一只茧在慢慢地蠕动，好像有虫子要破茧而出。小男孩很是好奇，于是饶有兴趣地停下来，观察由蛹变虫子的过程。随着时间的一点点过去，虫子在茧里奋力挣扎，却一直不能挣脱茧的束缚，似乎很难破茧而出了。小男孩有点迫不及待，心想：要不我来帮帮它吧。于是，小男孩就找来一把剪刀，用剪刀把茧上的丝剪了一个小洞，这样一来，虫子就更容易摆脱束缚。果然，不一会儿，虫子就从茧里爬了出来，但是它的身体看起来却非常臃肿，翅膀也异常萎缩，耷拉在身体两侧伸展不起来。然而，小男孩根本没意识到这一点，他还在静静等待着，想看着虫子飞起来，但是那只虫子却只是跌跌撞撞地爬着，怎么也飞不起来。又过了一会儿，它就一动也不动了。

小男孩原以为他是在帮助虫子，没想到却毁掉了虫子飞翔的梦想。原来，在一个生命成长的过程中，就必须要经历一番伤痛。绕过了伤痛，自然也就绕过了成功。没有经历伤痛洗礼的虫子，自然会脆弱不堪。人生亦是如此，如果没有伤痛，就会不堪一击。正是因为有伤痛，成功才会那么美丽动人；正是因为有伤痛，才能激发我们搏击人生的力量，使我们的意志更加坚强。

所以，不要总是用伤痛形容自己过往的人生，每个人都一样，没有谁的生活是一帆风顺，没有伤痛的。人生就像一杯白开水，假如你放的是盐，它就会变咸；倘若你放的是糖，它就会变甜；倘若你放的是伤痛，那么你的生活就会被痛苦所包围。生活就是这样，让它变成什么味道全靠我们自己去调剂。

人和虫子一样，想要成长，就必须要经历一番伤痛，直到双翅强壮后，才可以振翅高飞。不要总是幻想自己的生活多么地圆满，生活的四季不可能只有春天。每个人在成功之前，必然要迈过沟沟坎坎，品尝苦涩与无奈，经历挫折与失意。伤痛，是人生的一堂必修课。

在漫长的人生旅途中，伤痛并不可怕，受挫折也无需忧伤。只要心中的信念没有萎缩，你的人生旅途就不会中断。人生路上，你遇到的艰难险阻其实是人生对你的另一种馈赠，坎坎坷坷也是人生对你的磨炼。这就如大海缺少了汹涌的巨浪，就会失去其雄浑；沙漠缺少了狂舞的飞沙，就会失去其壮观；维纳斯没有断臂，就不会因为残缺美而闻名天下……

有人说："人生就像一盘棋，每一个棋子都代表你生命走过的痕迹。无论多么危险，多么凶恶，哪怕最后只剩下一个小小的卒子，也要坚持到最后，努力拼搏，为自己结果。"所以，不要用伤痛来折磨你的人生，要勇敢地从伤痛中走出去。等到伤口愈合之后，你就会发现，在你的世界里不光只有伤痛，还有明媚的阳光和鸟语花香，还有更精彩的生活需要你去迎接。当你坚强地面对所有伤痛，总有一天你会看到胜利的曙光。

让哪些对自己不怀好意的人，有多远滚多远

　　谁的人生不短暂，谁的时间不珍贵。当你做善人行善事的时候，一定要分清，哪些人可以付出时间和精力，哪些人不必理会。要学聪明一点，别惯坏了那些不怀好意的人，该拒绝拒绝，该远离远离，让他们明白自己的缺点，改正自己的错误，对我们所有人都是一种帮助。／

　　有人说："要感谢挫折，感谢伤害过你的人。"话虽如此，但是在现实社会中，有几个人能够做到如此呢？对于一个不怀好意的人，你难道真的会从心底里感谢他？当然不会，每个人的忍耐力都是有限度的，打破了那道防线，谁还会卑微到去对一个不怀好意的人感恩呢？

　　也有人说："一旦发现那些伤害你的人，别犹豫，让他滚出你的生活。不必宽容感谢，也懒得记恨，其实最好的报复便是快乐而精彩地活着。"说得没错，既然他可以昧着良心，对你不怀好意，你又何必自作多情地去感谢他呢？你的善良，属于你的美德，但不分是非的善良，就是愚蠢；你的心软，属于你的性格，但如果心软到不敢拒绝，就是傻笨。因为你的善良、心软，

别人根本没放在心上。

有一位哲人曾说："自后者人先之，自下者人高之。"无论你在什么处境，你都要远离那些不怀好意、自以为是的人。你没有义务、更没有责任去给他们好脸色，他们也没有权利要求你为他们做什么。这个世界，没有人能平白无故地要求你对他好，也没有人可以莫名其妙地让你不悦。既然心累了，就不要再勉强相处下去。因为不怀好意的人，永远体会不到别人的真心，你做再多，他们也会装作看不见。

很久以前，有一位很虔诚、很慈悲的佛陀。有一天，佛陀把他的弟子们召集到大殿上，告诉了弟子们一个开悟的秘密，他大声地说："你们一定要记住，不要做一个糊涂的佛教徒。伤害人固然是不对的，但是也要分得清对与错。对于那些伤害我们的人，对我们不怀好意的人，虽然在心灵上不会遗弃他，但平日里我们可以远离他……"弟子们听到佛陀这一番话，都默默地点了点头。因为弟子们也已经深刻地意识到，他们之所以经常会犯错误，就是因为他们明明知道有的人品行不行，身上有一大堆的毛病，却总是因为应该对他慈悲而掩盖他们的无耻，继续纵容他们做坏事。殊不知，纵容一个人去做坏事，实际上就是帮他们干坏事。

莲花生大士曾经说过这样一句名言："品行恶劣的人，要他改变如同洗木炭，越洗越黑最后连水都变成黑色了。"遇到这种人时，你最好毫不犹豫地远离他，而不要试图去改变他，因为你根本改变不了他，他已经沉浸在自己的世界里很久了，别人拯救不了他，他也不允许别人去拯救。如果你用慈悲之心继续纵容他，终究会因为他这一粒老鼠屎，坏了整锅汤，这个锅又倒入另外一个锅，慢慢地，整个社会都被他搞乱了。所以说，即使你想要慈悲，也一定要带着智慧，悲智双运。

谁的人生不短暂，谁的时间不珍贵。不管是工作还是生活中，你的一次次原谅，只会让不怀好意的人变本加厉；你的一次次让步，只会让不怀好意的人得寸进尺。或许你认为这样做，别人会对你感恩，其实不然，真正懂得知恩图报的人有几个呢？不怀好意的人太多，不懂珍惜的人常有，你为了这些人委屈自己，实在不值得。所以，还是学聪明一点儿，让那些对自己不怀好意的人，滚出你的世界。

有句话说："都是第一次做人，凭什么要宽容你？"真正值得感谢的，是那个在深夜里流着泪，苦苦熬过低谷的自己，和那些懂你、爱你的人。至于那些对你不怀好意的人，你千万不能惯着。在你一次两次付出，三次四次让步后，若依然看不到他们有悔改之意或真诚之心，你就应该冷漠一点，理智一点，该拒绝拒绝，该远离远离。

你要感谢的是不被伤害打败的自己

张皓宸在《谢谢自己够勇敢》一书中说："这个世界本就是傻瓜的狂欢，我们都傻得心甘情愿，所以才勇敢做自己，没心没肺地认真浪费人生。其实一直陪着你的，是那个了不起的自己。"

在每个人的生命里，或许都会有一段被伤害打败的时光。那段时光你生无可恋、生不如死，感觉自己的人生似乎走到了尽头。其实那时候，你最需要的就是坚持住，而不是等机遇。只要挺过去，一切都会变得更加美好。所以，在挺过去的那一刻，你首先要感谢的是那个没有被伤害打败的自己。

游泳健将傅园慧在一次采访中说："最痛苦挣扎的时候，看不见一点希望，累得说不出话来，肩膀抬不起来，训练的衣服穿不上去，晚上躺在床上全身疼到发不上力，心脏也一抽一抽地疼……我难过地看着外面的天，好担心我就这么挂了怎么办，我爸妈怎么办。算了，我再坚持一下。我想游快一点，一点点也行的。"她还说："在奥运会获得了我想象不到的成绩。尽管只是个第三名，但这是我投入整个身心换来的。它比所有的荣誉都要好。站在领奖台上的时候，我看见我的红彤彤的大国旗飘起来了，仿佛上面有我的大脸。当时我认真地谢谢自己的坚强……"

人生即是如此，先有"鬼知道我经历了什么"，之后又有洪荒之力的爆发，再之后才有鲜花和掌声。成功的一刻，你会由衷地想感谢昨天因为努力坚持而没有被痛苦和失败打败的自己。

这个世界上，人生最大的挑战就是战胜自己。苏引华的《在红尘中修心》中说："自己把自己说服了，是一种理智的胜利；自己被自己感动了，是一种心灵的升华；自己把自己征服了，是一种人生的成熟。但凡说服了、感动了、征服了自己的人，就有力量征服一切挫折、痛苦和不幸。"

一名游泳运动员从卡得林那岛游向加里福尼亚海湾。一开始，她信心十足，告诉自己一定能创造世界纪录。就这样，她在海水中奋力游了整整 16 个小时，眼看着只剩下最后一段路程时，她突然感觉前面雾蒙蒙一片，脑海里产生了"何时才能游到彼岸"的信号。顿时，她感觉浑身乏力，彻底失去了继续往前游的信心。短短几分钟的时间，她再也没有力气继续游下去了。于是，游泳运动员被负责人员拉上了小艇休息。十分遗憾地失去了一次创造世界纪录的机会。

事情发生之后，这名游泳运动员才意识到，当初阻碍自己登上成功彼岸的并不是大雾，而是内心的疑惑。自己在大雾挡住视线之后，立即失去了创造新纪录的信心，潜意识里已经放弃了成功，所以才会被大雾俘虏。

又过了两个多月，她决定再一次重游加里福尼亚海湾。这一次，她坚持游到了最后。在游的过程中，她不断地告诉自己说："离彼岸越来越近了。"她的脑海里发出了"我这次一定能打破纪录"的信号。正是这一信号，让她顿时充满力量。最后，她终于实现

了目标。她就是世界著名的游泳健将弗洛伦丝·查德威克。//

每个人都有战胜自己、打败自己的可能，当你被"大雾"遮住双眼时，不妨闭着眼睛再坚持一下，或许你离成功只有一步之遥。同样，在生活中，即使你被伤害折磨得体无完肤，也不要轻易放弃，你终究会为当初的坚持感谢自己。

每个人都在心里为自己铸造着一个新世界。新世界，有你向往的生活，有那个想成功的自己。但当你真正想步入那个世界的时候，却发现那个世界的门是紧闭着的，没有想象中那么容易进去。想要打开门，需要拼尽全力，玩命死磕，才能挤出一条门缝。在这个过程中，你需要打败自己，战胜迷茫、委屈、软弱和伤害。那时候，或许你每一分钟你都想骂那个想逃跑的自己，在内心鄙视那个被伤害打败的自己。

十多年前，京东商城面临着巨大的困境，如果在两三天之内拿不到融资，公司将会面临倒闭，这是一个非常严峻的问题。京东集团董事长刘强东说："我一天见了五个投资人，说同样的话，回答同样的问题。几乎每个问题都是问你什么时候能赚钱，然后你跟他说对不起，暂时还不知道哪年能赚钱。然后就说走吧，走吧。""很短的时间里，我就有了白头发。骨子里的恐惧感，和对兄弟们的愧疚，带来的痛苦真是无法言喻的。"在遭受各种打击和伤害之后，刘强东依然不肯放弃。最后，他在第三天的时候终于融资成功，带领企业走出了困境。//

当一个人敢于挑战自己，那么他就具备了战胜这个世界的能力；当一个人不甘心被伤害打败，那么他就具备了感谢自己的资本。也许在你经历伤痛、迷茫之时，你总是不断地冲自己发牢骚："要疯了，这真不是人过的日子。""真是崩溃，实在受不了这样的日子了。"但是，当你挺过来的时候，请一定记得对自己说："亲爱的，感谢你当初跟命运死磕，没有被伤害打败。"

在困难的日子里，也要笑出声来

雨果说："当生活像一首歌那样轻快流畅时，笑颜常开乃易事；而在一切事都不妙时仍能微笑的人，才活得有价值。"

人们常说："最浪费的日子是没有笑声的日子。"不要把你的时光浪费在煎熬和纠结上。无论你遇到多么难实施，多么难解决的问题，都要微笑面对。聪明的人会在逆境中微笑，因为逆境中的微笑能让人心平气和，能让人仔细分析所处的困境，顺利渡过难关。所以，无论什么时候，都要保持积极乐观。在困难的日子里，只要笑出声来，一切烦恼都会随笑声烟消云散。

作家萨克雷曾说："生活是一面镜子，你对它笑，它就对你笑；你对它哭，它也对你哭。"即使你遇到了再大的困难，生活再焦头烂额，你都要用笑声去面对，没什么大不了的。只要你用积极的态度面对生活，生活也会对你微笑。

其实，人生就是一盘棋，与你对弈的就是命运。即使命运在棋盘上占尽了优势，也不能轻易推盘认输。因为人生往往就是在坚持中转机，没准什么时候，你就会打对方一个措手不及。

在央视的《艺术人生》和《新闻调查》栏目中，曾经相继向全国电视观众介绍了一个刚刚30出头的年轻人，这个人叫丛飞，是深圳一名普通的歌手。但就是这个脸上始终面带微笑的歌手，在11年的时间里参加了400多场义演，捐出了自己辛辛苦苦挣来的300多万元，资助了183名贫困学生。可是不幸的是，后来他被医院诊断为"胃癌晚期"。即便连医疗费都付不起，他依然用微笑面对生活，面对眼前的一切。//

在生活中，面对很难解决的事情，不要让自己消沉下去，消沉只会让事情变得更糟。既然如此，何不端正心态，以笑对之，你会收获到不一样的结果。

所以，就算经历了各种磨难，也要对生活笑出声来。面对再大的委屈，再大的挫折都要保持一颗乐观积极的心。每个人都希望自己的生活能够少些痛苦，多些快乐，少些挫折，多些顺利，可是生活却偏不如人愿，它带给人们更多的是失落、痛苦和挫折。人生在世，谁都会遇到厄运，谁都有焦头烂额的时候，似乎痛苦是命运给人们生活的驱逐剂，它帮助人们驱走惰性，促使人奋进。

英国哲学家培根说过："超越自然的奇迹多是在对逆境的征服中出现的。"其关键就在于如何面对厄运与不幸。生活，并不会总给你安逸。当它看你过得太潇洒，就会给你制造点麻烦，让你陷入困境，让你焦头烂额。

加利福尼亚大学的诺曼·卡滋斯教授，四十多岁时患上了胶原病，医生说，这种病康复的可能性是五百分之一。医生告诉他要保持快乐的心情，按照医生的建议，他经常看滑稽有趣的文娱体育节目，有的节目让他捧腹大笑。他除了看有趣的节目，平日里还有意识地与家人开开玩笑。

一年过去了，医生对他进行血沉检查，发现血沉降低了。两年以后，他身上的胶原病自然消失了。后来，他撰写了一本书，书名叫《五百分之一的奇迹》。书中说："如果消极情绪能引起肉体消极化学反应的话，那么，积极向上的情绪可以引起积极的化学反应……平和、爱、希望、信仰、笑、信赖、对生的渴望等，也具有医疗价值。"／

奈斯比特说："快乐的微笑是保持生命健康的唯一药剂，它的价值是千百万，但却不需要花费一分钱。"所以，对待生活，每个人都应该学会笑。尤其是处在逆境中展现出的微笑，从心理学的角度来讲，在不利的局面下保持微笑会给竞争对手造成极大的心理压力，此时的微笑会让对手心惊胆战，不寒而栗。

所以，从现在开始，微笑着面对生活，不要抱怨生活给了你太多磨难，不要抱怨生活中有太多曲折，不要抱怨生活中存在的不公。当你走过世间的繁华与喧嚣，阅尽世事，你会幡然明白：人生不会太圆满，再苦也要笑出声来。

这个世界不会
阻止你自己闪耀

别把这个世界让给鄙视你的人

安·兰德在《源泉》中的经典语录："你不能把这个世界让
给你所鄙视的人。"∥

"年轻人，还是认清现实吧，你可不是那块料！"你是不是经常这样
被人鄙视，你刚刚说出你的目标时，就有许多人站出来，对你苛责，对你质
疑，对你反唇相讥。这个世界就是这么缺少善意，即便你还是个孩子的时候，
你说长大以后要当科学家，那些自以为是的大人们也吝惜夸赞和鼓励，总是
甩给你一句"哎呦喂，看把你能耐的！"

当下有个很流行的说法是"打脸"，大概意思是说：当年说过的话或
者行为，结果被别人用事实证明是错的，让自己很掉面子。而我们每个人都
经历过被人鄙视、看不起，我想，对于这些嘲讽，最有力的回击应该是努力
增强你的实力，实现你的目标，用你的成功去打他们的脸。

成名前的李宗盛非常喜欢唱歌，学了不少音乐知识。但有人
暗讽李宗盛，说他唱歌没什么天赋，而且长得也不好看，无论如

何也出不了名。现在李宗盛是知名的作曲家、歌手，还培养出一大批成功的、受欢迎的歌手。

当年周杰伦拿着他用心创造的歌曲，去给别人唱，但是没有一个歌手肯唱这个无名小卒写的歌。现在的周杰伦成了一个时代最成功的歌手之一，他的歌曲传唱度很广，歌迷更是横跨好几代人。

李安在成名前，一直在家待业，被很多人看不起，背地里说他是"家庭妇男"。中间李安一度想要放弃电影，但经过努力，他成为最著名的电影导演之一。

成名前的郭德纲没钱时只能睡桥洞，饿得没办法的时候也只能当掉自己心爱的手表，还被鄙视他的人说："想在北京生存下去，没门。"现今的郭德纲不仅在北京站住了脚，而且还使德云社成了当下最受欢迎的相声剧场，培养了一大批广受欢迎的徒弟。

当年多门功课亮红灯的韩寒去办理退学手续时，被老师们问道："你不读书，将来靠什么生活？"韩寒回答："靠我的稿费啊。"当时所有的老师都笑了。但是经过自己的努力，韩寒成了最受欢的80后作家之一。//

别把这个世界让给鄙视你的人，岁月沧桑，世事变幻，时间就像一个神奇的魔术师，一刻不停地改变着世界。人活着不是为了活成被人鄙视的模样，更不是为了把那个答应过自己要得到的世界拱手相让。人这辈子，有些"南墙"是要非撞不可的，有些"弯路"也是非走不可的，哪怕有再多的人告诉你不要去撞，不要去走，你都要去试试，因为这是你的权利。

20世纪70年代的香港演艺圈看繁花似锦，其实炎凉莫测。初

这个世界不会
阻止你自己闪耀

出茅庐的成龙，接演了一部戏，戏中的三个女演员都不喜欢他。其中一位女演员，甚至公开告诉编剧："大鼻子小眼睛，没人会喜欢他。"成龙强忍着泪，还要给坐着的她鞠躬。为了让古龙写一个剧本给自己，成龙每天陪古龙喝酒，筵席上，左一杯，右一杯，不管三七二十一地拼命往下喝。喝完以后，古龙却说："我怎么会给他写这个剧本，我要写，也得找个好看点的。"喝醉的成龙跑到厕所狂吐不止，抱着同事哭得泪流满面。

三十年后，成龙拥有超过三亿的影迷，成为唯一一位在好莱坞星光大道上留下手印、脚印、鼻印的中国演员，被美国《人物》杂志评选为当今一百个全球最伟大影星之一。在央视《艺术人生》节目中讲述那段往事时，成龙说："我经历了无数这种遭遇，但是我没有生气，我还感谢他们，请他们吃饭，因为不是他们这些话，我不会努力。"╱

同样是被人鄙视，有的人如生脓疮，自惭自愧，遮遮掩掩；而成龙则用它激励自己，点燃斗志，最终成就了一番大事业。《孟子·尽心上》说："知耻而为人，知耻而后勇。"鄙视可以唤醒自尊，被人鄙视或许是一种耻辱，可是能感谢自己让自己"知耻"，就是一种境界了。

鄙视你的人那么多，你的人生就要如他们口中说的那样吗？你要拱手相让自己的梦想吗？在这个世界上，活得有声有色的人，都是拒绝将梦想拱手相让的人，他们也曾经被人鄙视、看不起，但是在被鄙视的时候，他们首先想的不是"算了吧"，而是"凭什么"。别把世界让给那些鄙视你的人，用你的努力夺回来。

收起你的玻璃心，碎给谁看呢

> 当你时时刻刻担心着身边的一切，害怕别人的眼光和看法，所有的敏感点都交织在心头，心里想太多，还口口声声地为自己的玻璃心狡辩，这不叫青春，叫懦弱。

时下，"玻璃心"成为十分流行的网络用语，意思是指自己的心像玻璃一样易碎。主要用来形容那些心思敏感又脆弱的人，别人不经意的一句玩笑话，都能使他受到伤害，让他胡思乱想、坐立不安。"玻璃心"其实就是一种奇怪的病，它生在一个人内心的禁区，别人一个不留神触碰到了，它就会血流成河。那些拥有玻璃心的人，总会轻易被别人的一句话击伤，因此闷闷不乐一整天。

那些拥有玻璃心的人，其实，就是极度不自信，还爱嫉妒别人的人。他们眼中容不了半粒沙，总觉得别人做什么都是在向他炫耀，别人对他点头微笑，也会觉得别人是在嘲笑他。他们躺在尘埃里一动不动，还希望把身边的人摁倒在地，和他一起低到尘埃里。

有一次，宋华陪领导和客户洽谈一个十分重要的项目，交谈的过程中，宋华没忍住打了一个喷嚏，之后他便惊慌失措，赶紧向领导道歉。然而领导根本没有放在心上，继续跟客户交谈。可是，宋华却一直在冥思苦想，总觉得领导肯定还在生气，他应该更加严肃认真地道歉。于是，他又一次打断了领导的谈话，这一次领导露出了不悦的眼色。宋华顿时面容失色，"完了领导真的还在生我的气，我一定要好好道歉"。当他再一次打断领导的谈话时，领导大发雷霆，将他赶出了门外。

其实，生活中这样的人有很多，他们非常敏感和脆弱，当别人在低声交谈时，他总觉得别人是在讨论他，总以为自己是世界的中心，所有人都得围着他转。他们的心就像易碎的玻璃一样，一碰就碎，别人的一句话，一个眼神，甚至一个动作，都能伤到他们那易碎的玻璃心。然而，这个世界上，除了在意你的人会小心翼翼地捧着你的玻璃心，保证它不受伤害，别人可没有闲工夫照顾你那颗玻璃心。

人活着就要洒脱一些，大胆一些，不要动不动就把一个小微风看成是龙卷风。有人说："活在这个世上无非就是笑笑别人，然后再让别人笑笑自己。"这个世界就是如此，洒脱大胆的人总是能够活得更快乐。所以，在与人交往或交流的过程中，请收起你那可怜的玻璃心，碎给谁看呢？

李冰毕业后，自己开了一家服装店，在朋友圈经常发一些好看的衣服作为销售的途径。有一天，她的朋友白琳对她说："我想换一种穿搭风格，你帮我看一下有哪些衣服适合我穿？"白琳的身材不错，皮肤也很好，李冰就给她搭配了一套比较简约的OL式风格，而且价格也比较合理。但是，没过几天白琳突然在微信上看到李冰在朋友圈晒了一张身着价格昂贵的OL风格的衣服。白琳问李冰："我查了一下你现在穿的这套衣服的质量和款式比你给我介绍的那套好看多了，你为什么没有给我介绍这一套？"李冰说："这款是我男朋友送给我的生日礼物，平时我也不舍得买这么贵的，它价格太贵了。"

白琳问："那你是怕我买不起吗？"李冰解释说："没有，只是觉得你没有必要花这个冤枉钱，这个一套可以买好几套风格相似的了。"白琳说："就你有必要，就你有男朋友，就你买得起。"李冰把敲好的"我男朋友不懂，以为贵的就是好的"发过去的时候，发现对方已经把她拉进了黑名单。／

玻璃心的人总是自以为是，以为全世界都在盯着自己，故意针对自己。所以，他们让自己活得疲倦、活得做作，跟这样的人相处你会很辛苦。职场中，所谓的自尊心其实就可以认为是玻璃心。受不了委屈成为职场上的一个绊脚石，"太委屈"成了很多职场新人难以排遣的烦恼情绪。久而久之，这种烦恼就成了心头一根难以拔除的刺。其实，谁的职场不委屈呢？别让你所谓的"自尊心"，断送了你美好的前程。

冯仑曾说过："做生意，低头弯腰下跪是基本功。"很多刚进入职场的人，或者好面子的人，都有一颗一碰就会碎的玻璃心。你要知道既然出来工作，就要拿出工作的态度，切忌不要捧出玻璃心，心碎以后，扎伤的还是你自己。

所以，无论对待工作还是生活，甚至是一段来之不易的感情，要学会洒脱处事，放平心态。千万不要把自己太当回事，快把没用的玻璃心收起来吧。

一千个犀利的指责比不上一个温暖的肯定

肯定自己，把今天的自己与过去的自己比较，肯定自己的每一点儿进步，积少成多，慢慢地你就会有更大的进步。缺乏自我肯定的人，会轻易夸大自己在生活中出现的一些微不足道的过失，面对失误时，就像天塌了一样惊慌失措。能肯定自己生活中小成就的人，常常容易得到快乐。

很多人总是会对自己提出一大堆疑问，"我行吗？""我可以成功吗？""别人那么优秀，我怎么能比得过呢……"他们对自己的能力表示怀疑，尽管他们并没有想象中的那么糟糕。也许你的付出没有得到相应的回报，也许你的自信被人当作"自恋"，也许你的举动遭到他人的嘲讽，你也不要轻易否定自己，要知道一时的得失并不能否定你的整个人生。不要总是一味地指责自己，因为一千个犀利的指责比不上一个温暖的肯定。

1960 年，哈佛大学的罗森塔尔博士在加州一所学校做了一个著名的实验。罗森塔尔博士把三位教师叫进办公室，对他们说："你们是本校最优秀的老师。因此，我们特意挑选了一百名全校最聪明的学生分成三个班让你们教。这些学生的智商比其他孩子都高，希望你们能让他们取得更好的成绩。"

听此介绍，三位老师非常兴奋，一致表示愿全力以赴教好学生，绝不辜负学校的期望。一旁的校长叮嘱他们，对待这些孩子要像对待普通孩子一样，不要让孩子或孩子的家长知道他们是被特意挑选出来的，老师们欣然接受，都承诺将保守这个秘密。

一年之后，这三个班的学生成绩全都名列前茅，并远远把学区的其他班级甩在其后。正当三位老师和一百名学生陶醉其中时，校长却告诉了他们真相：这些学生并不是刻意选出的最优秀的学生，只是随机抽调的最普通的学生。这时，校长又告诉他们另一个事实：他们也不是被特意挑选出来的全校最优秀的教师，也是随机抽调的普通老师。听此，众人愕然。其实，这个结果正是罗森塔尔博士所期望的：这三位教师都认为自己是最优秀的，并且学生又都是高智商的，因此，他们对教学工作充满了信心，工作自然非常卖力，教学效果当然令人满意了。

人生最重要的就是自信，因此，每次行动之前，如果能给自己一个温暖的肯定，就等于成功了一半。所以，当你面对挑战时，不妨告诉自己："我就是最优秀的和最聪明的那个人！"那么结果肯定会因此变得像你想象的一样好。

王兰是一家大公司的职员，以前下班后她不是在茶馆谈事，就是在酒吧和朋友一起喝酒。在这些交往中，她的确也得到一些机会，但几年下来，她发现这些事情非常耗费她的时间和精力，并且她担心自己被人冷落，揽镜自照，发现不到三十岁的她眼角添了几丝操劳过度的鱼尾纹，她开始自卑得不敢抛头露面了。

　　后来她终于大彻大悟，何必计较别人的欣赏与否，每天下班就按自己喜欢的方式去生活，一个人回到家，洗一个舒服的热水澡，然后坐在沙发上，听着音乐看杂志。心情调整好后，她又自信地与人交往，找回了心理的平衡。她明白，工作过后需要一个可以让自己自然松弛的地方，更明白了欣赏与肯定自己才能让自己的心态年轻化。

　　轻易地将自己否定是对自己的不负责任。肯定自己使人自信，自信的人敢于尝试新的领域，能很快开发自己的潜能与才华，因此更容易成功。成功要求每个人懂得欣赏自己，不断地充实自己、提高自己，给自己一个温暖的肯定。

这世上没有一种痛，是单单为你准备的

种子经历痛苦，成长为参天大树；婴儿经历痛苦，慢慢成才；
雏鹰经历痛苦，学会展翅翱翔。

有人说，成功就是涅槃重生，一定要经历痛苦，经历磨难。也有人说，
成功一定要乐在其中。其实这个世界，没有一种痛是单为你准备的。不要认
为你是一位孤独的疼痛者，也不要认为你经历的是世间最疼的疼痛。尘世的
屋檐下，有多少人，就有多少事，就有多少痛，就有多少断肠人。

人生就像一只蝴蝶，只有经历过痛苦，才能从丑陋的毛毛虫蜕变成美
丽的蝴蝶。人活着，终归是要痛一次的。有声有色地活过，其实就是有滋有
味地痛过。当然，有时候，你觉得痛，不是你有多苦，有多委屈，只是觉得
自己很可怜、很无助。痛也是怕比较的，而了断痛的唯一方式就是比较。如
果你把自己的痛放到万千的人群中比较，你会发现：在芸芸众生的痛苦里，
你的这点痛，真的不算什么。

每个人都不可能随随便便成功，不论自己的目标是什么，要想超越自己，
就要付出努力。生活中，每个人都想过得舒服。甚至可以说，很多人已经过

惯了舒服的生活。这时候，不妨给自己定下一个"痛苦"的目标，偶尔挑战一下自己的习惯。经历过后，你会看到更美的风景。

耶鲁大学博士、台湾大学哲学系教授傅佩荣先生，之所以在教学研究、写作、演讲、翻译等方面拥有卓越的成就，就是因为他经历了各种痛苦，也成功克服了各种痛苦。然而，就是这样一位成就卓著的学者和演讲家，却曾饱受嘲弄与歧视。

小学时的傅佩荣有些调皮，常学别人口吃，却不料这个恶作剧导致他自己不能流畅地说话。九年的时间里，傅佩荣的口吃常常被人视为笑柄，这给他带来了极大的心理压力。虽然他经过多年的努力终于克服了口吃，并成为众人敬仰的演说家，但是这段被人嘲笑的经历还是在他的人生中留下了难以磨灭的记忆。

同样年幼时因为口吃受尽了嘲笑与讥讽的前美国副总统拜登，不仅被别人起了很多难听的外号，而且还被老师拒绝参加学校早晨的自我介绍活动。他难过地落泪，觉得自己就像被戴了高帽子站在墙角受罚一样。悲痛往往催生动力，拜登决心一定要摘除这个命运强加给他的"紧箍咒"。他以极大的毅力坚持每天对着镜子朗诵大段大段的文章。经过多年的努力，他不但成功摘除了口吃这个"紧箍咒"，而且也为他日后成为一名优秀的演说家和领导者奠定了坚实的口才基础。

被人嘲笑是痛苦的，那些刺耳的嘲笑声、无情的眼神，像一把把尖利的刀，深深刺进你的心。面对这把刀，傅佩荣和拜登都选择奋起，"没有任何人规定我只能有这样的际遇，既然这样，那我为什么不改变它呢？"而那些嘲笑、讥讽甚至侮辱，其实都无须拔除，就让它们插在你的心上，然后忍痛跋涉。当跋涉到一定高度的时候，你的热血就会变成一股烈焰，熔化那把尖刀。而那些曾经嘲笑你的人，早已渺小得挤不进你的视野，甚至匍匐在你的视野之下。

美国股神巴菲特说过："没赔过本的人赚的钱也不多。"这不恰恰印证了"绕过痛苦就绕过了成功"这句话吗？纵观历史，这样的例子不胜枚举，无数成功者的背后都有一段痛苦的经历、一段辛酸的历史。没有谁的成功之路是一帆风顺的，痛苦往往是人成功前必须经历的一个过程。爱因斯坦的"相对论"和伽利略的"日心说"都曾被人们否定，但他们不怕痛苦，坚持真理，最终被历史铭刻；陈景润和王选，在各自研究"哥德巴赫猜想"和"汉字排版技术"时，都是孤军奋战，这种寂寞而单调的痛苦，一般人是不能承受的。但他们最后都成功了。

如果要用数学语言来说的话，痛苦就是成功的必要条件。即：你痛苦了不一定成功，但想成功的话，就一定要承受痛苦。在你面对困难时，一定不要选择逃避，要勇敢承受，在你度过困难后抬头的那一刻，你会看到无限美丽的胜利曙光。所以说，这世上没有一种痛，是单单为你准备的，每个人都至少会痛一次或者很多次后，才会换来真正的成功。

第七章

像蚂蚁一样工作，
像蝴蝶一样生活

美国著名摄影记者罗伯特·卡帕曾说："像蚂蚁一样工作，像蝴蝶一样生活"，意思是说，在工作时，我们要一步一个脚印地走下去，因为生活是丰富多彩的，只有像蚂蚁那样工作，像蝴蝶那样生活，才会过得有滋有味。"像蝴蝶一样生活"，或许只是一种梦想，因为我们有沉重的工作负担，有太多的欲望，还有那么多尘世牵挂。"像蚂蚁一样工作"，不仅是个人发展的需要，更是一个时代的精神标签。蚂蚁属于群居动物，在恶劣环境里生存，有严格的纪律和分工，但是遇敌时全力抗争，遇灾时倾巢搬迁。这就如同每个人生活的环境，恶劣到需要抱团取暖，但又要各自做完各自的工作。

工作中没有"超人"只有"众人"

> 华人首富李嘉诚说："你们不要老提我，我不算什么超人，是大家同心协力的结果。我身边有三百员虎将，其中一百人是外国人，二百人是年富力强的中国香港人。"

萧伯纳曾说："你有一个苹果，我有一个苹果，我们两个人交换，每人还是只有一个苹果；你有一种思想，我有一种思想，我们两个人交换，每人就有两种思想。"这句话充分说明了合作的重要性。无论何时何地，合作都是必不可少的生活形态。一个人的力量再大，也大不过集体。如果你想在职场中做出一番成绩，团队合作的精神少不了。

正如歌词中唱的那样："一双筷子轻轻被折断，十双筷子牢牢抱成团。"在这个社会中，一个人再怎么能干，也不可能单独完成每一件事情。即使做一个小小的螺丝钉，也是需要花很多工序的。所以，只有不断地取长补短，综合各方面的因素，才能不断地进步。不要妄想一个人把所有事情都做完、做好。因为你不是超人。当你借助团队的时候，一切问题都将会迎刃而解。

　　在一个雷雨过后的黄昏，洪水无情地撕开了江堤。离江边不远处的一个小村落，已成了一片汪洋。清晨，受灾的人们站在堤上，凝望着水中的家园。一声惊呼打破了寂静，"看，那是什么？"大家不约而同地望向了远处，一个黑点正顺着波浪漂过来，一沉一浮，像一个人。一个勇敢的年轻人救人心切，"嗖"地跳下水去，很快就靠近了黑点，但见他只停了一下，便掉头往回游，转瞬上了岸。

　　正当人们不解时，年轻人开口了："一个蚁球。""蚁球？"所有人都用诧异的眼神看着他。说话间，蚁球漂了过来，越来越近。一个篮球般大的蚁球，黑乎乎的蚂蚁密密麻麻地紧紧抱在一起。随着汹涌的波浪，不断有小团蚂蚁被浪头打开，像用手攥紧了的细沙，松开手的一瞬间散落开来，让人看着揪心。待蚁球靠岸，像打开的登陆艇一样一层层散开，蚁群迅速而秩序井然地一排排冲上堤岸，胜利登陆了。岸边的水中仍留下了一团蚁球，它们是英勇的牺牲者，虽然它们再也爬不上岸了，但它们的尸体仍然紧紧地抱在一起。／

　　不难看出，团结是团队重要的力量之源，也是领导者应花大力气去培养的。从个人的角度来讲，要想成功，就必须培养广泛的人脉。仅凭一个人的能力，是很难完成一项事业的。只要有人愿意帮你，不断地给你提供各种资源，你才有更多成功的机会。

　　在工作中，团结就是力量，不要让自己的能量无畏消耗，借力出力才是聪明之举。既能赢得人心，又能将工作驾轻就熟，何乐不为呢？因为在工作中，没有"超人"，只有"众人"，只要众志成城，就会以最小的代价，获取最大的成功。懂得与他人建立良好的合作，不仅能让大家一起获得成功，同时也能让自己在团队中获益。

集体的力量是从每一个个体中获得的。你想让木桶装更多的水，不仅仅只是加长一根木条，而是加长所有木条。如果想让集体的力量更加强大，集体中的每个人需努力，互相取长补短，通力合作。当一个人狭隘地抱着"你赢就是我输"，甚至"只取不予"的态度时，他就会与成功背道而驰。生活中，无论你的目标是升官、发财，还是单纯地享受工作的乐趣，你都需要通过团队的合作才能达到目标。在职场中，根本没有超人，只有众人。

永远没有"最佳"雇主

在职场上，那些所谓的"最佳"雇主，是对那些不可替代的
人而言的。如果你的老板对你很重视，那说明你有价值，是不可
替代的。如果你的岗位是任何一个人都可以取而代之的话，那么
你也就面临着随时被雇主解聘的危机。╱

对于雇主们来说，愿意扩展自己岗位职责、愿意多办事的员工，意味
着他们更有成就感，因为他们能够承担更多责任，完成不同的任务并且完
成更多工作量。同时也意味着，这个雇主不需要去劝说员工接受更多的工
作量。

在员工眼里，雇主是为自己提供工作平台、保障自己经济收入的人。
而在雇主眼里，员工就是为自己创造价值的人。如果在你的岗位上，其他人
也可以创造相同的价值，或者比你创造的价值还要高，那么，在他眼里你就
会成为一个最"可恨"的雇主，因为他会解聘你。只有让自己在岗位上变得
不可替代，雇主才能成为你眼中的"最佳"。

想要成为一个不可替代的人，就要通过不断地学习、认真地工作，甘心情愿地为自己付出成本，提升自己的价值，让自己具有不可替代性。一旦拥有了这种"不可替代性"，就不再是"我能不能在这"，而是"你留不留得住我"了。

　　小张和小李同是 A 公司的助理，小张是行政助理，小李是销售助理。在工作期间，小张和小李约定同时考会计证。结果，小张由于生活的琐事耽搁了考试，而小李在一年内拿到了证书。在一次公司裁员中，小张被劝退了。这次劝退，本来是在她们两个人里面选一个，领导很纠结，结果正好财务部需要一个会计助理，公司又不想再招人，这样小李就顺利留了下来。

有人说："你的报酬不是和你的劳动成正比，而是和劳动的不可替代性成正比。"事实就是如此，任何时候，无论在哪上班，不可替代性永远是你留住工作岗位的最好筹码。如果你每天就只干着一些任何人都能干的活，而且毫无新意的话，那就得做好随时被淘汰的准备。只有当你的工作无人可替时，才可以在一个公司站稳脚跟。

想要让雇主变成"最佳"雇主，不在于雇主本身，而在于员工的工作态度和做事方法，也就是你是否具有不可替代性。有人抓住机遇，让自己无可替代；有人因循守旧，最后成为历史和故事。

有一位司机，他的文化程度不高，但是比较勤劳，善于动脑子，喜欢把事情做得周详点，很会来事，朋友多，解决问题有多种门道。所以，他除了是一位司机以外，还兼任了秘书、办公室主任、后勤等多个角色。老板出差的交通、吃饭住宿，甚至联系一些客户都归他负责。

虽然，老板交给他的事情很琐碎的，但他每次都能拿出几套解决方案，并选出最优，几年里从没出过一次错。公司里有过专门的秘书、综合协调人员，最终都没能做长久，因为没人能轻易替代他。他总是说："在一个公司里，你的工作没人能代替，你基本上算能立足了。"╱

没有一个单位会因为离开一个人而无法运行。但任何单位都存在不可或缺的人。白岩松曾说过："一个人的价值、社会地位，和他的不可替代性成正比。"想要成为一个不可替代的人，就要通过不断地学习、认真地工作心甘情愿地为自己付出成本，不要奢望会有"最佳"雇主，唯有不断提升自己的价值，让自己具有不可替代性，才是长久立足于职场中的有效手段。

如果你对工作的态度一直是得过且过、安于现状，你就随时会被淘汰，只有在工作中不断学习，不断提升自己，让自己有一技之长，并且能够发挥到极致，做一个无可替代者，才会让你的雇主变成"最佳"。

要有野心，把工作当成自己的事业去经营

　　世界首富、微软创始人比尔·盖茨先生说："如果只把工作当作一件差事，或者只将目光停留在工作本身，那么即使是从事你最喜欢的工作，你依然无法持久地保持对工作的激情。但如果把工作当作一项事业来看待，情况就会完全不同。"╱╱

　　世间万物，芸芸众生，各司其职，各有一番风景。但是就人而言，我们虽没有能力选择出身，却有权利选择自己的生存方式，有能力去填充生活的内容与色彩。选择了不一样的工作，就会有不一样的人生。

　　究竟为什么要工作，为谁而工作？我想不是为了谁，也不仅仅是为了月底的那点薪水，而是为了我们自己，为了我们自己美好的明天。有一句话说得好："今天的成就是昨天的积累，明天的成功则有赖于今天的努力。"把工作和自己的职业前途紧密联系起来，你才能承受工作的压力和单调，才会觉得自己所从事的是一份有价值、有意义的工作，才会有使命感和成就感。

　　工作就是生活，工作就是事业。不断地改造自己、修炼自己，只有坚

守痛苦才能凤凰涅槃，这应当是我们永远持有的人生观和价值观。把工作当事业，工作就会更加投入、更加认真。

对待工作，职场人士一般有两种态度，一种态度是把工作当成事情来做，另一种是把工作当成事业来做。"事情"与"事业"一字之差，往往就成了失败与成功的分水岭。成功人士在朝着目标奋斗的过程中，绝不是将工作看成一件简单的事情，而是将之作为一项令他向往的事业而精益求精地完成的。

> 三个工人一起在工地干活，他们的工作是一样的——砌墙。一天，有个过路人问其中一个工人："师傅，您在干什么？""砌墙。"他又问另一个人："您呢？您在干什么？""挣钱，吃饭养家。"他又问第三个工人："您干的是什么活儿？""我嘛，在建造世界上最美丽的房子。"那个工人认真地回答道。后来，前两个工人仍然在工地上砌墙，而第三个工人则成为著名的建筑大师。∥

这个故事说明了一个十分简单的道理，那就是你把自己的工作当成一件简单的事情来做，那你就只能永远在做事情；当你把工作当成一个人生的事业来做的话，你就会不断地获得成长与进步，从而达到更高层次的人生境界。

如果仅仅把工作当成一件事情来做，你就看不到你所做的工作与整个组织要实现的目标之间的联系，从而把你手中要做的每一件事都孤立起来，由此产生不耐烦、急躁的工作心态。如果认真一点的，会想着把事情做得好一点，出色一点；不认真的，就连单纯的事情也做不好，草率收场，敷衍了事，把工作当作一种不得不做的麻烦。

把工作当成事情来做的人，容易产生为薪水而工作的心态。在这种心态之下，一个人会将目标经验积累、技能提高、关系储备、增进知识等目标抛于脑后，为薪水涨而喜，为薪水降而悲。一旦对薪水不满，就对工作敷衍。长此以往，无异于降低自己的价值，让自己的生命枯萎，将自己的希望断送，最终过着一种庸庸碌碌、牢骚不断的生活。

对于一个立志要成为企业得力员工的人，他会把工作当成事业来做，他会把自己所做的工作与团队的事业联系起来，拓展工作的发展空间，为自己和团队设计未来，最终会把小事做大，逐渐发展成为足以令自己自豪和骄傲的事业。

这个世界不会
阻止你自己闪耀

工作不是谈恋爱，没有喜欢不喜欢

谈恋爱时很多人遵循的是"宁缺毋滥"的原则，因为它没有时间的紧迫性。而找工作有它的时效性，一份工作不只是为了谋生，更重要的是让你可以走进社会，成为社会的一员。

有人说，和自己喜欢的人在一起，做着自己喜欢做的工作，这才是世界上最幸福的事情。每个人都需要工作，工作各有不同，有的人很幸运地做着自己喜欢做的工作，也有的人做的工作与自己的兴趣无关。但工作就是工作，没有喜欢不喜欢，只要做了，就一定要把它当做自己的事业来做，不要在工作中混日子。要在工作中学习新事物，努力充实自己、提升自己，从中实现自己的人生价值。

工作本身没有贵贱之分。无论是身居高位的领导者，还是面朝黄土背朝天的劳动者，都应该尊重自己的工作，热爱自己的工作。因为不同的工作，演绎着一份不同的精彩人生。哪怕你的工作再简单、再平凡，你都应该认真对待它，总会从中得到锻炼的机会，使你在职场生活中游刃有余。

英国经济动荡时期，两个大学毕业的同班同学艾尔和菲特，都找不到适合自己的工作，为了生存，他们降低了要求，到同一家工厂应聘。这家工厂正好缺少两个打杂的职员，问他们愿不愿意干。艾尔不加思索接受了这份工作，因为他不愿意靠救济金生活。菲特根本看不起这份工作，但迫于生计他愿意留下来陪艾尔一块儿干一阵子。因此，菲特上班时总是懒懒散散，每天打扫卫生敷衍了事。

起初，老板认为菲特刚从学校毕业，缺乏锻炼，再加上恰逢经济动荡，也同情这个大学生的境遇，便原谅了他。然而，菲特在内心深处对这份工作抱着很强的抵触情绪，每天都在应付自己的工作。结果，刚干满三个月，便被老板辞退了，又恢复了无业游民的生活，他重新开始找工作。当时，社会上到处都在裁员，哪儿有适合他的工作呢？他不得不依靠社会救济金生活。

相反，艾尔对待工作认真负责，在工作中，抛弃了拥有高等学历的优越感，完全把自己当作一名打扫卫生的清洁工，每天把办公室走廊、车间、场地都打扫得干干净净。半年后，老板便安排他给一些高级技工当学徒。因为工作积极、认真勤快，一年后，他便成为老板的助理。而菲特此时才刚刚找到一份工作，是一家工厂的学徒。但是，他总是放不下大学生的姿态，在自己的工作岗位上，仍然把活干得一塌糊涂，终于在某一天又回到街头去寻找工作。

有人说，工作就像一面镜子一样，你怎么样对待它，它就怎么样对待你。工作态度即人生态度，当你把工作看作是一种使命，全身心地投入进去，你就会从中得到意想不到的快乐，会实现自己的人身价值。一个人的工作态度，

这个世界不会
阻止你自己闪耀

会决定一个人的人生。不管每个人一生中的工作时间长短，也不管一个人从事怎样的职业、工作内容，我们都应该尊重自己的工作，为时代的发展和进步做一些贡献。

天生我材必有用，每个人的工作都是值得尊重的，不要轻视自己所做的每一项工作，即使是最普通的工作，每一件事都值得你去做，每一件事都有它的意义。既然已经选择了这份工作，就必须全力以赴对待它。因为你以怎样的态度对它，它就会以怎样的成果回报你。

工作毕竟不是谈恋爱，没有喜欢不喜欢可言。既然已经从事了这项事业，你就得尊重它，并且认认真真对待它，所谓"干一行，爱一行"，只有尊重自己工作的人，才能得到别人的尊重，只有热爱自己工作的人，才能在工作中做出成绩，实现自己的人生价值。

与业绩"叫板"，才能让薪酬"抬头说话"

一个企业，不论是企业经营、日常管理，还是人力资源管理，用业绩说话最有说服力。╱

"与业绩'叫板'，用业绩说话"，是任何一个职场精英必须坚持的信念。它提倡的是敢于亮剑的精神，是敢于承担压力的英雄气魄，是职业价值和职业精神的展现，也是催人勇攀高峰的警句。

当你坐在办公室打着"王者荣耀"时，有的人却拿着简历四处奔波找工作；当你打完游戏，拿着工资表抱怨自己的工资比别人少的时候，别人正走街串巷拜访客户。你和别人的差距在于，拥有的你不珍惜，却抱怨从中得到太少。工作就是这样，你的付出和你的收获是成正比的。

作为生存之本的工作，你不能懈怠它，因为它关系着你的温饱，关系着你的生活水平。但是它还有一项比生计更可贵的作用，就是让你在工作中充分挖掘自己的潜能，实现自己的价值。工作所给你的，要比你为它付出的更多。所以，只要你认真对待工作，与业绩"叫板"，将工作视为一种提升自己能力的武器。那么，你从工作中所获得的不单是解决温饱，更重要的是自我价值的提升。

　　在辽阔的大草原上，一匹刚刚吃饱的狼正安逸地躺在草地上睡觉，另一匹狼从它身边经过时，焦急地对它说："你怎么还躺着，难道你没听说，狮子要搬到咱们这里来了，还不赶快去看看有没有别的地方适合咱们居住。"

　　躺着的狼若无其事地说："狮子是我们的朋友，有什么可怕的，再说这里的羚羊这么多，狮子根本吃不完，别白费力气了。"那匹狼看自己的劝说没有效果，只好摇摇头走了。

　　后来，狮子真的来了。由于狮子的到来，草原上羚羊奔跑的速度变快了，留下的狼再也不像从前那样轻而易举就能获得食物了。当它想搬到别处去时，却发现食物充足的地方早已经被其他动物捷足先登了。

你所处的环境随时都在变化，不要安于现状，居安就要思危，唯有踏实、认真、勤奋，不断提高自己，为随时来临的危险做好准备，才是真正的生存之道。否则，当你醒悟过来的时候，已是大难临头了。

加拿大演员瑞安·雷诺兹说："你千万不要依靠自己的天赋。如果你有着很高的才华，勤奋会让它绽放无限光彩。如果你智力平庸，能力一般，勤奋可以弥补你的不足。"唯有不懈的努力，勤奋的工作，敢于和业绩"叫板"，才能让你的薪资"抬头说话"。

你的老板控制着你的薪酬，限制着你的权限，那是因为你没有让他看到你的价值所在。当你真正与业绩"叫板"时，老板自然会提升你的待遇。没有一个老板会阻止你去发现、去思考、去学习，更不会阻止你为今后的职业生涯付出努力。通过自己的努力，获得应有的回报，这是任何老板都不能剥夺的属于你的权利。

前澳大利亚总理约瑟夫·库克曾说过这样一句话："机智灵活又踏实肯干的平凡人，比天才更易出成绩，甚至取得更大的成绩。"很多天资聪慧却懈怠工作的人，只满足现状，对工作不做任何努力，这样的人只会一无所获，还浪费了大好的天赋。纵观那些成功者，哪一个不对工作抱有热情积极的态度？任何人在任何岗位只要通过自己的不懈努力都是可以成功的。敢于和业绩"叫板"，你将不仅仅让自己的薪资"抬头说话"，你还会收获更多。

任何一个用人单位，都有一些常规性的调整过程。公司负责人经常会送走那些无法对公司有所贡献的员工，同时也吸纳新的成员。无论业务如何繁忙，这种整顿一直在进行着。那些无法胜任工作、缺乏才干的人，都会被摒弃在企业的大门之外，只有那些勤奋肯干，敢于挑战自我，敢于和业绩"叫板"的人才会被留下来。你的去留，看似是由公司负责人决定，但实际上取决于你自己是否愿意让自己变得更有价值。

当今社会，新事物琳琅满目，新挑战应接不暇，你必须要时刻保持高昂的斗志去迎接挑战。认真负责、敢于挑战、敢于和业绩"叫板"是走向成功的坚实的基础，它像一个助推器，把你推到成功面前。如果有一天你得到了升职或是加薪，你应该自豪地对自己说："这是我认真负责、不懈努力、勤奋工作的结果。"

别把工作带回家

　　著名企业管理家安丘林曾对媒体这样说："有时候，我能清楚地听到心里面有两种声音，在不停地吵架。一种声音说：好累啊，别干了，歇会儿吧！另一种声音却说：不行，我努力打拼了这么久，我一定要让全天下的人都知道我究竟做了什么！"安丘林一生最大的苦恼，就是"工作"和"生活"永远誓不两立。

　　当下，社会竞争比较激烈，每个人的工作压力都很大。当你工作了一天之后，你是抛下未做完的工作和工作中的压力，换一副笑脸回家呢？还是将它们随着文件一起打包带回家呢？很多人都知道，工作和家庭之间很难找到平衡点，若是在工作中投入的时间多，自然会冷落了家庭；若是在家庭中投入的时间多，工作上，你很难有大的发展。

　　一项关于"中国企业家生存状态"的调查结果显示，作为一名企业家，平均一周要工作 6 天，每天的工作时间将近 11 个小时，而睡眠时间仅为 6.5 个小时。一位贸易公司的经理曾说："我不在办公室就可能在会议室，不在高空飞行就是正在赶去应酬的路上……"无论你的工作压力有多大，也要养成一个良好的习惯，尽量在工作时间完成当天的任务，并且在你下班之前，收拾好你办公桌的同时，也整理一下你的心情，以一个轻松的状态走进家门，面对家人。

李倩家的门上挂了一块木牌，上头写着两行字："进门前，请脱去烦恼；回家时，带快乐回来。"这短短的两句话，蕴含的却是深奥的家庭哲理。在家里他们一家人总是其乐融融，两个孩子大方有礼。一种看不见却感觉得到的温馨、和谐，满满地充盈着整个屋子。有人问及那块木牌，李倩笑着望向丈夫："你说吧。"丈夫则温柔地瞅着李倩："还是你说，因为，这是你的创意。"李倩甜蜜地笑道："应该说是我们共同的理念才对。"

经过一番推让，李倩轻缓地说："其实也没什么大学问，一开始只是提醒我自己，身为女主人，有责任把这个家经营得更好……而真正的起因是，有一回在电梯镜子里看到一张疲惫、灰暗的脸，一双紧拧的眉毛，下垂的嘴角，烦愁的眼睛……把我自己吓了一大跳，于是我想，当孩子、丈夫面对这样一张面孔时，会有什么感觉？假如我面对的也是这样的面孔，又会有什么反应？接着我想到孩子在餐桌上的沉默、丈夫的冷淡，这些原先认定是他们不对的事实背后，是不是隐藏了另一种我不了解的原因，而当发现真正的原因竟是我时，我吓出一身冷汗，为自己的疏忽而后悔，当晚我便和丈夫长谈，第二天就写了一块木牌钉在门上，结果，被提醒的不只是我，而是一家人……"

正是李倩的智慧，才经营出如此和谐宁静、其乐融融的家庭氛围。所以，一定不要把工作带回家，更不要把你在工作中遇到的困难和牢骚带回家。家是一个给你带来温馨、快乐的地方，不要让你的忙碌和烦恼叨扰它的美好。

每个人在工作中总会遇到很多的无奈和烦恼，压力和困惑，倘若你把做不完的工作和工作中的压抑带回家，会直接影响到家庭的安宁，破坏家庭和谐的氛围。如果你想要梳理自己的思绪，缓解自己的工作压力，释放自己的怨气，你可以选择在空旷的原野、喧嚣的歌厅、幽雅的咖啡馆、平静的游泳池……

可口可乐前任 CEO 迪森曾经说："如果想象人生是一场在空中接抛五个球的游戏，五个球分别是工作、家庭、健康、朋友和心灵，你很努力地抛着这五个球，不让它们落地，很快地，你会发现工作其实是一个橡皮球，万一你不幸失手跌落，它还是会弹回来，而其他四个球——家庭、健康、朋友和心灵则是玻璃做的，如果在办公室忙碌了一整天后，许多人会把朋友、孩子、另一半当出气筒，把压力发泄在他们身上。要是一不小心的话，我们就会任由工作压力演变成家庭压力，而受害的往往是我们的家人、朋友、健康。"

所以，不要把工作带回家，而应该把工作留在办公室里。不要做二十四小时都在工作的"可怜虫"，家是一个给你温暖，也需要你给予关怀的地方，回到家中，你的角色发生了转变，你或是子女或是父母、丈夫（妻子），你不再是工作中的经理、主管或者职工。工作与家中你的责任和担当不一样，自然需要你付出的情感也不一样。倘若你把工作带回家，那么你就减少了享受家庭温情的时间。

西方流行着这样一句话："工作可以使一个人高贵，但也可能把他变成禽兽。"其实，这就是现代人生活的真实写照。当一个人意气风发时，会觉得自己可以征服全天下；当一个人沮丧疲惫时，会认为自己连一只小壁虎都不如。

其实，一切都很简单，工作就是工作，生活就是生活，工作和生活本来就是完全不同的两码事。人们对待它们就应该采用两种截然不同的态度。不管你是医生、律师、会计、出纳、司机，在你的办公室里，你扮演的只是一个"职务"的角色，而回到真实生活里，你才是你"自己"。所以，一定不要把工作带回家，尽量把工作尽早做完。家是一个是心停靠的港湾，不要让你的工作影响了家庭的和谐。

别让"两点一线"的定式毁了你的生活

生活不是一条直线，要学会顺势借力。不是看起来离目标远，就真的会慢很多，只要选对了路，即使晚出发也可同时到达。从现在开始行动，一切都为时未晚。╱

时下，很多人的生活都处于一种"被架空"的状态，大多数人都经常徘徊在工作与家庭这两点之间，生活显得单调又无乐趣。人们为了生存，就这样被"架空"，放弃了追求生活的美好。有句话说："生活不止眼前的苟且，还有诗和远方"，这就为我们诠释了生活的意义并不只是关注眼前的生存问题，还要向往远处的美丽景色。

冯勇通过自己没日没夜的努力，终于从一名小小的员工成长为一家公司的总经理。但是，随着工作量的加大，他的生活就像进入一个死循环，公司开会、陪客户吃饭、洽谈业务、回家睡觉，他感觉身心都疲惫不堪。由于怕业绩下滑，他又不放心把工作交给别人去处理，于是感到烦闷不已。

万般无奈之下，他去求助心理医生，他希望心理医生能给他指点迷津，解除他面临的困扰。心理医生了解了他的情况之后，便带他去了城郊的墓地。"你为什么要带我来这里？你知道我还要工作的。"冯勇急切地质问医生。面对情绪有些激动的冯勇，心理医生显得不急不躁："我只是想让你看一看这些长眠于地下的人，他们中间有很多企业家，也有很多公司的老总。他们生前和你一样，每日忙忙碌碌，为自己的责任和使命'浴血奋战'。但是，当他们长眠的时候，他们的家人依然很好地生活着，他们的公司有一个更加出色的接班人来维持正常运转。其实，有一天你也会像他们一样，安然地躺在这里。那么，你想想，你现在这样的不辞劳苦究竟为了什么？何不放下不必要的压力，好好地享受生活？"

此时，冯勇恍然大悟，他终于意识到自己的"渺小"，心情也因此舒畅了不少。回去后，他立即将自己手头的工作交给了有关人员。之后他才发现，公司业绩不仅没有倒退，反而更加出色。从那以后，冯勇开始享受生活的美好，他常常带家人去旅行，做他自己喜欢做的事，心灵终于获得了平和。∥

诚然，面对单调、重复、烦琐的工作，我们也无时无刻不在感受着生活节奏的紧张快速，工作压力的日趋增大，但这绝不是缺少快乐的理由。繁忙的工作中，也应该抽空享受一下生活，学会沉淀自己，让心灵"重获新生"。

著名作家梭罗总是这样对自己说："如果没有出生在世，我就无法听到踩在脚底的雪发出的吱吱声，无法闻到木材燃烧的香味，也无法看到人们眼中爱的光芒，更不可能享受到自己的奋斗带来的成功的快乐……人能够活在世间，是一件多么幸运的事情，你还有什么理由不尽情地享受生活中的每一天？"

李强为了自己的事业拼搏了十数年，但最终却一无所获，这让历经沧桑的他深感迷茫，无奈之下，他去请教自己老师，希望老师能够帮助自己走出困境。老师听了他的故事后，拿出了一杯水。老师问他："这杯水放了很久，里面有很多灰尘，可是你知道为什么它现在看上去还是这么清澈吗？"李强回答道："那是因为灰尘都沉到杯底了啊。"

老师欣然点头，继续说道："其实，人生也是这样，只有不断地沉淀，我们心灵才能够保持纯洁。就如同这杯水一样，如果你不停地震荡，水就会变得浑浊。如果在生活中，我们只知道忙碌，只知道奔波于'两点一线'间，那么就会和这杯摇晃的水一样，变得浑浊。所以，年轻人，你不妨学着沉淀一下自己，试着去享受一下生活，也许你的心灵就会变得清澈了。"听了老师的话，李强恍然大悟。

在时间的长河里，我们只是一粒尘埃，而不是巨石。地球离了谁都照样转，世界缺了谁都照样运行。所以，不要让你的生活轨迹只限于"两点一线"之间，去做自己想做的事，才能好好地享受自己的人生。

影片《泰坦尼克号》中有一句经典台词："享受每一天。"这就告诉我们，只有让自己在灿烂的阳光里工作，在明媚的春天里生活，才能充分感受生活的美好，成为一个永远快乐的人。每天一口小酒、一碟小菜、一桌麻将，就能让人觉得生活有滋有味；一趟购物、一次旅游，甚至一席天南地北的海聊，就将你工作的疲惫驱赶得一干二净，这就是生活。与其天天埋怨，何不放低姿态，坐下来静静享受如此美妙的人生。只有学会放慢前进的脚步，不要为了工作而工作、为了生活而生活，你的人生旅途才会更加顺利。

只顾低头赶路的人，无法领略沿途的风光

生活中，我们似乎总会忽略一些东西，忽略许多美好的时光。当所有的时光在被辜负被浪费后，才从记忆里将某一段拎出，拍拍上面沉积的灰尘，感叹它是最好的。//

诗人席慕蓉说："一个只顾低头赶路的人，永远领略不到沿途风光。生命的美，不在目的，而在历程……"一个人如果能时时归零与掏空，那么他一定是一个时时在进步的人。生活中，也许有很多人为了梦想，不断地向前冲。然而，其中也有一些缺乏目标的人，他们只会胡冲乱撞，浪费了时间与精力，虽然他们走得很快，但并不一定就走得好，甚至还有一些人只顾着埋头苦干地向前冲，完全不知道暂停的艺术。正所谓"休息才能走远路"，如果你只会急急忙忙赶路，等到发现走错路时，已经很难回头了。

这时候，你是否问过自己，生活的目标是什么？该怎样去生活？一个人生命的目的也许在于追求梦想，但即便如此，也要适当地停下脚步，享受一下生活。如果一味地追求梦想，虽然可能会得到你想得到的，但同时你也

会错过一些你不想失去的。顾此必然会失彼，别只顾着低头赶路，要懂得在赶路的过程中，趁机欣赏一下沿途的风光。

25岁的杰瑞因为热爱广告事业，刚毕业就投身一家著名的广告公司工作，从最初的创意助理一直做到了部门经理。渐渐地，他发现，每天高强度、高压力的脑力工作，把充满激情的他一点点地"压扁"了。杰瑞每天早上八点准时出门上班，上午和同事讨论广告方案，下午给客户打电话约时间，讨论整理出来的一系列想法。没有七八次的反复，是不可能让对方满意的——这就是他工作的真实写照。

杰瑞的生活只有两部分：一个是工作，另一个是睡觉。可是，就算是睡觉，他也仍然做着与工作有关的梦。在最忙的日子里，杰瑞甚至断绝了与所有朋友的联系，一心扑在工作上，就连每次大学同学聚会，他也因为忙于工作而拒绝参加。后来，再也没有朋友主动联系他了。"那个时候我把每个策划案的最后期限都用红笔在日历上勾画出来，每天只要一看到那些红圈头就疼得厉害。到了晚上甚至连中午吃了什么饭都回忆不起来。"他这样形容当时的自己。

直到某一天杰瑞下班回家，偶然看见了楼下的一个广告牌，这才幡然醒悟。"当时我特别难过，那个广告牌是自己全权负责的，已经挂了好几个月，可是我每天都忙于上班，从来都没有认真地看一看。"杰瑞说道。那一幕让他想起了自己刚刚入行时，最大的快乐莫过于站在自己设计的广告牌下，细细体会那种成就感。当天晚上，杰瑞躺在床上开始仔细地思考自己的生活状态。

两周之后，杰瑞渐渐地把自己的生活节奏放缓了。"从放慢脚步的那天开始，我每天都会到楼下看看自己做的那个广告牌，细细品味自己的工作成果。"后来，杰瑞试着每天回家都把手机关掉，在家里不去看公司的邮件，而且还主动和已经很久没有联系的朋友们打电话。"这样做的时候，我也很担心会失去一些东西，比如工作业绩可能下降。但是后来我发现，如果不主动放慢节奏，你的生活节奏会越来越快。直到你追不上它，那样会更加失败。"杰瑞说。

生活在这喧嚣的凡尘俗世，我们都在力不从心地忙碌着，心不甘情不愿，却又不得不为之，让自己活得疲累不堪，被生活和工作压迫得喘不过气，甚至无暇顾及天气是否晴朗，街道是否新添了广告牌。总之，除了工作，无暇顾及其他，因为我们已经把寻找快乐的能力彻底丢弃了，丢给了繁杂的工作、丢给了忙碌的时间、丢给了世俗的名利。

生活本该多姿多彩，让自己活得潇洒一些、活得精彩一点，让自己的生活除了工作还有更多的可圈可点、可赏可炫。放慢脚步，用心感受这五彩斑斓的世界，这才是人们活着的意义。

生活中类似的情景还有很多，人们一味地追逐目标，却总是忽略了其中的过程。以至于到最后回首艰辛与感受时，却不知道该从何说起。其实，生命的精彩不在于结果如何，而在于过程怎样。这就需要你放慢前行的脚步，欣赏生命中灿烂的点滴，去品味生命过程的意义。

不要把生命当成一场赛跑，要把它当成一次旅行。因为比赛只在乎终点，而旅行在乎沿途风景。在人生这个漫长又艰难的过程中，当你追求的越多，失去的也会越多。人生苦短，我们不能因为埋头走路，而忽略了沿途的风景。